셋째, 〈브레인 독서법〉은 아이의 잠재력을 발현하여 창의적 인재로 성장시킨다.

현재 2015 개정 교육 과정의 비전은 미래사회가 요구하는 창의융합형 인재 양성이다. 창의융합형 인재란 인문학적 상상력과 과학기술 창조력으로 다양한 지식을 융합하여 새로운 가치를 창출하는 사람이다. 이는 전두엽 기능이 균형 있게 발달되어 끊임없이 활성화되면 가능해진다. 이제 아이에게 〈브레인 독서법〉으로 브레인 성향에 맞는 독서를 하게 하고 전두엽을 균형 있게 발달시켜야 한다. 브레인이 활성화된 아이는 창의력과 잠재력을 발현하고 미래를 결정짓는다. 미래는 브레인의 잠재력을 발현하는 아이가 성공하게 된다.

나는 책을 쓰면서 행복하고 축복된 시간이었음을 느꼈다. 〈브레인 독서법〉에 대한 연구를 통해 삶을 성찰하며 재도약하는 계기가 되었다. 누구나 쉽게 할 수 있는 독서법으로 〈브레인 독서법〉이 많은 아이와 부모에게 희망이 되었으면 한다. 브레인(전두엽) 성향은 자기 이해가 쉽고 자기에 대한 믿음과 확신을 가질 수 있다. 브레인(전두엽)을 믿고 브레인 성향에 맞는 독서로 잠재 능력을 발휘하는 창조적인 인재가 되길 바라는 마음이다.

그동안 많은 사랑을 받으면서 표현하지 못했던 마음을 이번에 지면을 통해 인사드리고 싶다. 늘 곁에서 응원하며 든든하게 챙겨주는 사랑하는 남편 이승우에게 제일 감사한 마음을 전한다. 항상 큰딸을 응원하며 자랑스럽게 여기는 사랑하는 부모님 조경제, 방정순 님께 진심으로 감사드린다. 며느리를 딸처럼 여기며 아껴주는 사랑하는 시부모님 이외동, 오정자 님께도 진심으로 감사 인사를 드린다. 사랑하는 동생들 가족과 시누이들 가족에게도 감사를 전한다.

나를 세상 밖으로 이끌어주고 이 책의 집필을 가능하게 해준 〈한책협〉의 대표 김태광 천재 코치님께 진심으로 감사 인사를 드린다. 또한, 용기와 격려를 보내준 교수님들과 선생님들께 감사의 마음을 전한다. 그리고 이 책이 세상에 나올 수 있게 만들어주신 미다스북스 직원분들께 특별히 감사한 마음을 전하고 싶다.

마지막으로 〈브레인 독서법〉을 연구할 수 있도록 용기를 준 사랑하는 아들 이성찬에게 감사한 마음을 전한다.

축복합니다. 사랑합니다. 감사합니다.

2020년 봄

조은

초등 시기에는 전두엽이 발달한다. 초등 교육을 시작하게 되면 뇌는 시각, 언어, 운동 간의 연결이 향상되어 전두엽이 급성장한다. 이는 학습 기초 능력인 읽기, 쓰기, 이해와 표현력을 높이기에 가장 효과적인 시기이다. 〈브레인 독서법〉은 브레인(전두엽) 성향을 파악하여 아이에게 맞는 독서를 통해 주의 집중력을 강화하고, 반복으로 학습 능력을 향상시켜 학업 성취도를 높일 수 있도록 도와준다. 이러한 독서 훈련을 통해 학습 능력이 높아지면 집중력, 독서 속도, 독해력, 독서 흥미가 높아지고, 바른 자세의 독서 습관이 길러지게 된다.

독서를 통해 전두엽의 좌우뇌를 균형적으로 발달시켜 활성화하면 정신 집중과 지구력의 지속성을 높일 뿐만 아니라 정서적인 안정과 이해 능력이 높아진다. 이러한 독서 습관은 공부 습관으로 이어져 자기 주도 학습을 하게 되는 지름길이 된다.

인간은 태어나서 생후 2년 동안 감각 기관에 정보를 받아들이면서 뉴런(신경세포)들이 강하게 활성화된다. 이때 100조 개의 시냅스(신경세포를 이어주고 신호를 주고받는 부위)의 연결이 촉진된다. 유아기의 뇌 발달은 빠르게 진행되며, 성인의 두 배인 시냅스는 불필요한 시냅스를 제거해간다. 그래서 뇌 속의 밀림과 같은 시냅스의 연결들이 정리정돈된다. 이제 제거된 시냅스들로 연결은 더 적어지고 남아 있는 시냅스는 더 강해진다.

초등 아이는 전두엽이 발달하는 시기로 전두엽에서 새로운 신경세포들의 시냅스가 형성되고 경로들이 생겨난다. 그래서 시냅스가 과잉으로 생산되고, 이는 약 10년 동안 시냅스의 불필요한 연결들을 가지치기한다. 이때 약한 시냅스 연결들은 제거되고 강한 시냅스 연결들은 재강화된다. 10대에 이루어지는 전두엽의 시냅스 형성은 성인이 되기 전에 배우는 모든 교육을 기반으로 한다. 따라서 초등 시기에 전두엽이 발달할 때 좌우뇌를 균형적으로 발달시켜 활성화하는 것은 매우 중요하다.

이제 초등 시기에 아이들의 독서법은 달라져야 한다. 〈브레인 독서법〉에서 브레인 성향은 전두엽을 중심으로 우뇌가 좌뇌보다 더 발달하면 우뇌 성향으로, 좌뇌가 우뇌보다 더 발달하면 좌뇌 성향으로 구분한다. 브레인 성향은 아이에게 나타나는 행동 특성을 말한다. 우뇌 성향의 행동 특성은 우뇌의 행동 특성이 강점으로 나타나고 좌뇌의 행동 특성이 약점으로 나타난다. 좌뇌 성향은 그 반대로 나타난다.

우뇌 성향의 특성은 새로운 경험을 선호하고 다양한 범위의 관심을 가진다. 그래서 호기심이 많고 도전적이며 행동이 불확실하고 활동적인 모습으로 나타난다. 정서적인 느낌과 다양한 감정 표현을 잘하는 것이 행동 특징이다. 타인과 관계 형성에서 친밀감을 우선시하고 정서적인 공감 능력이 높으며 감정 표현을 잘한다. 그래서 감정과 행동에 충동성이 높고 주의 집중력이 약하다. 그리고 추상적인 사고로 상황에 대해 맥락적으로 이해한다. 그래서 논리와 확실한 사고력이 약하고 설득력이 부족하다. 이러한 부분을 주관적인 감정으로 표현하려고 한다.

좌뇌 성향의 특성은 익숙한 경험을 선호하고 언어 발달이 활성화되어 언어 표현이 풍부하다. 그래서 언어적으로 이해력이 높고 순응적이고 조용한 모습으로 나타난다. 행동 특징은 분석적이고 논리적인 사고방식의 언어 표현을 잘한다. 학습과 기억을 반복하는 주의 집중력이 높고 자신의 목표와 계획을 잘 실행한다. 사실적인 상황을 분석하고 명확하게 이해하며 논리적이고 설득력이 높다. 그러나 타인과 관계 형성에서 감정 표현이 서툴며 공감력이 부족하다. 그리고 객관적인 사실적 표현으로 정서적 교감 형성이 약해서 관계 형성에 어려움이 나타난다.

전두엽이 발달하는 초등 아이에게 독서와 학습은 매우 중요하다. 이제 〈브레인 독서법〉으로 초등 아이에게 가장 잘 맞는 독서로 독서 습관을 기르고 공부 습관으로 이어지게 해야 한다. 이는 아이의 잠재력을 발현시키고 창의적인 인재로 성장시키는 밑거름이 될 것이다.

1. **뇌:** 이 책에서는 대뇌를 말한다. 대뇌는 정신 활동의 중추신경계이다. 뇌는 대뇌, 소뇌, 뇌간으로 나뉘어져 있다. 뇌는 대칭적으로 우뇌, 좌뇌로 나뉘고 뇌량으로 연결되어 있다.

   1) 대뇌: 전두엽, 두정엽, 측두엽, 후두엽 나뉘어져 있다. 기능은 운동, 감각, 감정, 언어, 학습과 기억, 판단을 담당하는 고등 정신 기관이다.

   2) 소뇌: 뇌의 뒤쪽에 위치하며 후두엽에 접해 있다. 기능은 운동 조절과 운동 학습이다.

   3) 뇌간: 뇌줄기로 간뇌, 중뇌, 교뇌, 연수로 이뤄져 있다. 생명 유지를 담당한다.

2. **전두엽:** 이마엽으로 감각 중추 기관이며 대뇌 앞쪽에 있다. 기억력과 사고력을 주관한다. 주요 기능은 기억력, 사고력, 추리, 계획, 운동, 감정, 문제 해결 등 고등 정신 작용을 담당하며, 연합 영역의 정보를 조정하고 행동을 조절한다.

3. **전전두피질:** 전두엽의 맨 앞쪽에 있다. 합리적 판단 능력, 대인 관계 능력, 실행력, 기억력, 감정 통제 등의 기능을 한다.

4. **두반구:** 대뇌의 우뇌와 좌뇌를 말한다.

5. **뉴런:** 뇌의 신경 세포로 신경계를 구성하는 세포이다. 뉴런은 시냅스에서 신경 전달 물질을 주고받으면서 활성화된다.

6. **시냅스:** 신경 세포를 이어주고 신호를 주고받는 부위이다. 뉴런은 시냅스를 통해 신호를 주고받는다.

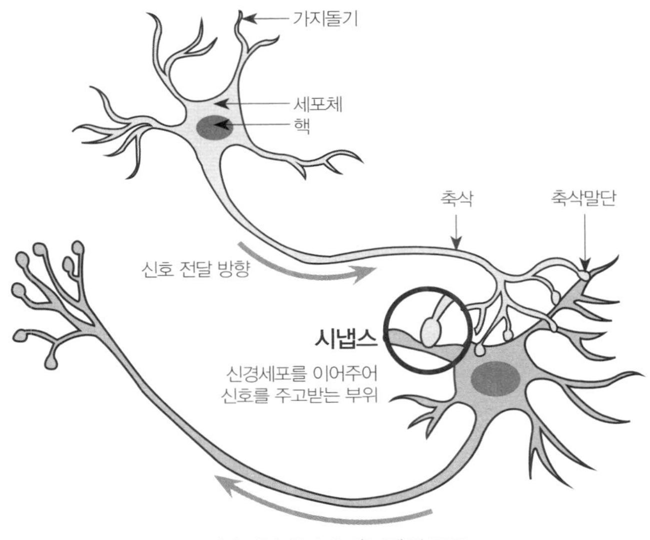

일반적인 신경세포(뉴런)의 구조

7. **뇌가소성:** 학습을 통해 뇌 세포와 뇌 부위가 쇠퇴하거나 새로운 신경 세포가 생겨나는 것을 말한다. 독서와 학습의 정도에 따라 달라지며, 계속 성장하거나 쇠퇴한다.

8. **도파민:** 심장 박동수와 혈압을 증가시키는 신경 전달 물질로 기분을 좋게 만드는 신경 세포이다. 주로 운동 조절, 인지(기억력, 주의력, 문제 해결력), 보상 행동, 강화, 학습, 중독 등의 기능을 한다.

9. **브레인:** 이 책에서는 전두엽을 말하며, 전전두피질을 포함한다.

10. **브레인 성향:** 전두엽 기능으로 나타나는 행동 특성을 말한다. 전두엽이 발달하면서 두 반구의 좌우뇌가 발달의 차이를 보이게 된다. 좌뇌가 우뇌보다 더 발달되어 활성화하면 좌뇌 성향이며, 우뇌가 좌뇌보다 더 발달되어 활성화하면 우뇌 성향이다.

11: **브레인 독서법:** 전두엽의 좌우뇌를 균형적으로 발달시켜 활성화하기 위한 독서법이다.

CONTENTS

2장
아이의 뇌를 알면 아이의 미래가 보인다

3장
좌뇌형 & 우뇌형 아이의 독서법

4장
내 아이 기질과 성격에 맞는 8가지 독서 코칭

5장
〈브레인 독서법〉이 아이의 미래를 결정짓는다

1장

브레인 독서를 해야 하는 이유

아이들은 신으로부터 받은 선물이다

– 산드라 톨슨

신께서 나에게 특별히 살펴야 할
세 개의 꾸러미를 보내셨다
대단히 귀한 것들이니
이 작은 선물들을 잘 돌봐라

사랑을 다해 이들을 지켜라
너의 손길을 느낄 수 있게 하라
너는 이들에게 꼭 필요한 존재이니
부족함이 없도록 잘 살펴라

선물들이 아주 빨리 자란다는 사실을
얼마 지나지 않아 깨닫게 될 것이다
그들을 온 마음으로 사랑하라
그리고 어떤 모습이 되라고 강요하지 마라

(이하 생략)

1

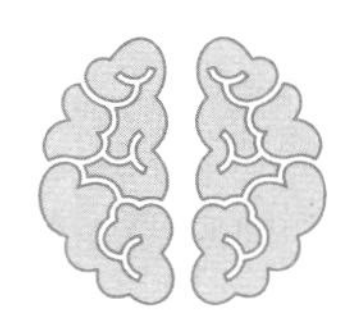

브레인 독서를 해야 하는 이유

부모들은 자녀에게 가장 원하는 것이 아이의 '행복'이라고 말한다. 하지만 현실은 아이의 공부와 성적을 강요하는 경우가 많다. 초등학교 때부터 영어, 수학학원에 다니고 학원 숙제와 공부로 아이는 지쳐간다. 아이가 스트레스를 받고 지치면 브레인이 활성화되지 못한다. 초등 시기는 브레인(전두엽)이 발달하여 좌우뇌가 활성화되는 시기이다. 이때 아이의 브레인 성향을 이해하고 아이에게 맞는 독서를 해야 한다. 독서가 즐겁고 재미있는 세상과 연결되어 소통할 수 있다는 것을 알게 해야 한다. 아이의 성향에 맞는 브레인 독서는 재미있고 쉽게 할 수 있다. 아이는 쉽고 재미있는 독서로 행복해진다는 것을 알게 된다.

19세기 독일에 '세계적인 천재 법학자'가 있었다. 지금까지도 기네스북에 '세계에서 가장 어린 박사 학위 소지자'로 기록되어 있다. 바로 요한 하인리히 프리드리히 칼 비테이다. 그는 미숙아로 태어난 발달 장애아였다. 그의 아버지 칼 비테는 마을에서 목사였고, 아들에 대한 소명을 갖고 자신만의 교육으로 가르쳤다. 바로 아이의 뇌 성장 발달에 맞춘 교육 방법이었다. 칼 비테는 아버지에게 교육을 받으면서 행복했다고 한다. 어린 칼 비테는 뇌 성장에 맞는 교육을 아버지에게 받으면서 천재로 성장했다.

칼 비테는 발달 장애아로 태어났어도 천재가 될 수 있다는 매우 희망적인 사례이다. 〈브레인 독서법〉은 칼 비테의 뇌 교육이 가능하다는 것을 증명하는 사례이다.

나는 아들이 태어나기 전부터 태교로 유대인의 『탈무드』를 읽었다. 그 당시 나에게는 아들을 키우는 지침서가 되는 책이었다. 아들이 성장하면서 나의 기대감도 커졌다. 아들에 대한 기대로 교육에 대한 방향을 잃었다. 아들의 언어는 이해보다 표현이 더 늦었다. 공부를 열심히 해도 성적이 오르지 않는 경험이 많았다. 부모의 기대는 '아들의 학습을 망친다.'라는 사실을 깨달았다. 아들을 통해 무지한 어머니라는 생각이 들었고 아들에게 미안한 마음이 컸다.

중2 때부터는 공부하라는 말 대신 독서를 권했다. 그리고 가톨릭 세례를 받고 종교 생활로 마음이 평안하길 바랐다. 그리고 나는 성장하는 아들을 이해하기 위해 뇌 과학과 진로 진학을 공부하게 되었다. 아이의 성장을 위해 부모가 공부하는 것은 당연하다고 생각했다.

유대인들은 유아 때부터 전뇌(우뇌, 좌뇌, 간뇌) 교육을 가정에서 받고, 초등 시기에는 경전을 암송한다. 나는 유대인이 세계적으로 노벨상이 많은 이유가 유아 때 전뇌 교육과 초등 시기에 전두엽 발달 교육이 이루어졌기 때문이라고 생각한다. 나는 유대인들의 교육을 보며 전두엽이 발달하는 초등 시기가 제일 중요하다는 것을 알게 되었다.

뇌신경학자들에 의하면 우리가 암송을 반복할 때 뇌는 대상 자체를 모방하는 것이 아니라 그 안에 들어 있는 '정신의 패턴'을 모방한다고 한다. 창의성은 무에서 유를 만들어내는 것이 아니라 기존에 기억된 것에서 파생되어 나오는 깨달음이다. 여기에 우리가 브레인 독서를 해야 하는 이유가 있다. 부모는 먼저 브레인을 이해해야 한다. 그리고 자녀와 함께 뇌 성장 발달에 맞는 독서를 해야 한다. 독서 습관은 초등 때 길러져 평생 학습으로 이어져야 한다. 브레인을 공부하면 자녀에게 부정적인 말과 행동을 하지 않게 된다. 부정적인 말과 행동은 '뇌를 망친다.'라는 것을 알게 되기 때문이다.

내가 똑똑하지 못한 것은 '학교 다닐 때 많이 배우지 않아서다.'라고 생각했다. 내가 공부를 못해서 똑똑하지 않으니, 공부하면 똑똑해진다고 믿었다. 가정 형편이 어려워 고등학교를 여상으로 갔었고, 3학년 1학기 여름방학 때 취업을 했다. 그러나 취업이 기쁘지 않았다. 나는 더 배워서 똑똑해지고 싶었다. 더 멋지고 근사한 전문 직업을 갖고 싶었다. 나의 이른 취업을 부모님은 기뻐하셨고, 친구들은 부러워했다. 그러나 기쁨보다는 걱정이 앞섰다. 나는 '이제 대학은 못 간다.'라는 생각이 들었다. '나에게는 똑똑해 보이면서도 멋진 전문 직업은 없다.'라는 생각에 좌절감이 컸다.

'나는 멍청해! 나는 무능력해!'라고 생각했다. 머릿속에는 멍청이, 바보, 실패자, 가난한 사람으로 가득 찼다. 생각은 부정적인 단어들을 끊임없이 만들었다. 그 단어에서는 부정적인 상상의 그림들만 떠올랐다. 상상한 그림에서는 내가 무기력해 보였다. 미래가 막막했다. 슬프고 우울했다. 나의 꿈은 사라졌고, 희망도 없는 삶이었다. 20살, 나의 인생은 너무 막막했다. 직장을 다니면서 '이렇게 살아도 괜찮을까?' 하는 고민으로 마음이 복잡했다. 나는 삶을 통째로 바꾸고 싶었다. '나를 어떻게 바꿀 수 있을까?' 하는 생각만 계속했다. 26년이 흐른 지금 나는 '더 나은 나로 바꾸려 한다.' 이젠 가능하다. 나는 브레인(뇌)이 변했음을 깨달았다.

아이가 태어나면 뇌는 수많은 뇌세포와 시냅스가 형성되어 있다. 감각기관의 정보로 연결된 시냅스(신경 세포를 이어주고 신호를 주고받는 부위)는 불필요한 시냅스를 제거해간다. 유아기는 유전과 환경적인 감각 자극으로 뇌가 발달하고 그에 따라 브레인 성향이 나타난다. 이때 어떤 감각 자극에 노출되었느냐에 따라 아이의 브레인 성향은 달라지게 된다.

"최고의 가르침은 아이에게 웃는 법을 가르치는 것이다."라는 니체의 말처럼 내가 아들과 행복하게 웃으며 보낸 시기는 돌까지였다. 아들은 온순했고 돌까지 특별한 어려움 없이 성장했다. 그러나 내가 일을 하게 되면서 돌이 막 지난 아들을 어린이집에 맡기기 시작했다. 늦게 퇴근하는 날에는 아들 얼굴만 보고 잠든 날이 많았다. 아들과 함께하는 시간은 점점 부족해졌고 나는 현실과 부딪히며 살아내느라 바빴다.

아들은 건강한 편이었다. 그런데 초등학교 5학년 때부터 안과(약시), 이비인후과(청각, 비염), 치과(숨은 유치) 치료를 받을 만큼 신체에 문제가 나타났다. 병원에 다녀도 낫지 않았다. 나는 이것이 학업 스트레스로 인한 '신체화' 반응이라는 것을 알았다. 나는 매일 밤 잠든 아들 곁에서 낭송 기도를 했다. 몇 년 뒤 외할머니 회갑 때 제주도로 외가댁 전체 가족 여행을 갔었다. 고2 아들에게 여행을 함께 가자고 했지만, 뒤처진 공부를 한다며 안 갔다. 고2 때부터는 학원에 다니지 않고 혼자 공부했다. 고3 때 면접 코칭을 받고 학생부종합수시전형도 혼자 준비했다. 현재 지방 국립대 생물학과 학부생으로 기숙사 생활을 하며 1, 2학기 장학금도 받았다. 아들은 독립적인 어른으로 잘 성장한 것이다. 나는 지금도 아들의 성장을 응원하고 있다. 우리는 소통이 잘되는 관계를 형성하고 있다.

우리는 정보의 홍수 속에 살아가고 있다. 아직도 뇌(브레인)는 '미지의 세계'라고도 한다. 현재도 세계의 다양한 학자들이 끊임없이 연구하고 있다. 그 중 『커넥톰, 뇌의 지도』의 저자 승현준은 MIT 교수이자 뇌 과학 분야를 선도하는 한국계 과학자이다. 커넥톰은 신경계에 있는 뉴런들 사이의 연결 전체를 말한다. 커넥톰은 각 사람의 존재가 '유일무이(오직 하나만 있다)'하다고 말한다. 이는 인간 모두가 다른 재능을 가지고 있음을 뜻하는 것이다. 우리는 자녀가 창조적 존재임을 인정해야 한다. 그러므로 자녀를 양육할 때 사명감을 가져야 한다.

'모든 아이는 천재로 태어난다.' 나는 이 문장을 보고 '나도 천재로 태어났을까?' 하는 생각을 했었다. 나는 한 번도 '천재'라는 말을 들어본 적이 없다. 당연히 '천재'는 타고난다고 생각했다. 그러나 내 아이는 '천재'라고 믿었다. 모든 어머니는 '천재 아이를 낳았다.'라고 믿는 것이 당연하다고 생각했다.

나는 다양한 학문을 공부해왔다. 하지만 나를 이해하는 것이 가장 어려웠다. 지금도 나를 공부하고 연구하고 있다. 뇌 과학을 공부하면서 나를 조금 더 구체적으로 이해하게 되었다. 나는 '나를 스스로 변화시키는 것'에 목표를 둔다. 남편과 아들도 크게 변화된다고 믿는다. 지금 센터에서는 아동, 청소년, 부모들에게 〈브레인 독서법〉으로 독서 습관을 바꾸

마음을 달래주었다.

“아이코, 그랬구나! 우리 소영이가 좋아하는 아이스크림을…, 아이고, 속상하겠다!”

“선생님이 아이스크림 사줄까?”

“아뇨, 엄마한테 혼나요. 아이스크림 많이 먹지 말랬어요.”

“(작은 목소리로)선생님이 엄마한테 비밀로 해줄게…. 가자!”

“(손을 꼭 잡는다)정말 비밀로 해줄 거죠?”

우리는 어머니에게 비밀이 생긴 친구가 되었다. 소영이는 초등학교 1학년이다. 나는 소영이를 일주일에 2번 만난다. 소영이는 나를 공부 가르치는 선생님으로 알고 있다. 처음에는 좋아하지 않았다. 그래서 좋아하는 노래 부르기를 많이 했다. 한번 부르면 3곡 이상 부른다. 한번 시작한 노래를 멈추지 않으려 한다. 내가 손을 입에 대고 ‘쉿!’ 하면 잠시 멈춘다. 1분이 채 지나지 않아서 “그런데 선생님….” 하면서 말을 한다. “그만….” 하면 잠시 멈췄다가 다시 또 반복한다. 책을 싫어한다. 한 줄 읽고 “선생님….” 한다. 나는 그럴 때마다 검지를 내 입에 대고 소리 내지 않고 쉿! 한다. 그러면 소영이는 계속 읽는다. 이제 소영이는 질문하지 않고 한 권 다 읽는다. 소영이는 책을 읽고 나서 나와 함께 ‘빙고 게임’을 한다. 게임을 이긴 사람은 혼자 아이스크림을 먹을 수 있다. 그러면 소영이는 조용하고 집중하는 모습이 된다.

소영이는 말이 많고 활동적인 놀이를 좋아한다. 그래서 신나게 놀아야 한다. 집안, 밖, 놀이터, 때론 아파트 주변을 돌아다니며 다양한 게임으로 놀이를 한다. 실컷 놀고 나면 소영이는 다소 얌전한 모습이다. 이럴 때 책 읽기를 시도한다. 책을 좋아하지 않는 소영이는 책을 읽으려 하지 않는다. 그래서 책을 함께 읽고 독서 활동으로 빙고 게임을 한다.

"소영아, 재미있는 독서 놀이는 소영이 머리를 똑똑하게 해줄 거야!"
"진짜요? 재밌는 놀인데 머리가 똑똑해져요?"
"우리 빙고 게임으로 이긴 사람만 아이스크림 먹기 내기할까?"
"우와! 좋아요."

소영이는 빙고 게임에 흥미가 높고, 나는 빙고 게임을 소영이가 이기도록 해준다. 소영이는 빙고 게임을 잘한다고 생각하며 기뻐한다. 나는 일부러 빙고 게임에서 이긴 사람만 아이스크림을 먹을 수 있도록 했다. 그래서 소영이는 혼자 아이스크림을 먹는다. 나는 아이스크림을 먹는 소영이에게 말했다.

"소영이는 좋겠네. 맛있니? (속상한 척)혼자 먹으니까 좋아?"
"(작게 소리 내며 웃는다)흐흐…."

"선생님이 소영이가 빙고 게임을 잘해서 고민이네. 다음에는 선생님이 꼭 이겨야지(웃는다)."

소영이는 활동적이고 말이 많은 우뇌 성향으로 좌뇌 기능을 발달시켜야 하는 아이이다. 시각에 대한 반응과 감정 변화가 크고 말과 행동이 빠르다. 책을 읽으면 어휘력이 낮고 이해력이 부족해서 힘들어했다. 소영이는 우뇌 강점으로 좌뇌 기능을 활성화하는 독서와 독서 활동을 해야 한다. 특히, 소영이에게는 활동적인 독서 활동이 중요했다. 지금은 빙고 게임의 독서 활동으로 어휘력을 높이고 있다.

나는 소영이와 헤어지고 소영이 어머니에게 연락했다. 어머니는 직장맘이다. 어머니에게 소영이를 만나면 〈브레인 독서법〉을 어떻게 했는지 물어봐 달라고 했다.

"어머니! 오늘 소영이에게 '선생님하고 뭐했어?'라고 물어보고, 소영이 설명을 들어보세요. 그리고 소영이와 함께 책을 읽고 빙고 게임을 한번 해주세요."

소영이는 말하기를 좋아한다. 그래서 어머니에게 오늘 수업 내용을 놀이처럼 얘기해도 어휘력은 높아진다. 그리고 어머니가 소영이의 이야기를 듣고 관심을 가지면 아이는 더 신나서 앞장서며 어머니에게 가르쳐준다. 이제 소영이는 나와 함께 하는 독서 시간에도 더 적극적인 자세를 보인다. 나는 소영이에게서 뿜어져 나오는 자신감을 느낄 수 있었다.

세계적으로 촉망받는 젊은 뇌과학자 데이비드 이글먼은 미국 스탠퍼드대학교의 신경과학과 부교수이자 베스트셀러 작가이다. 그는 세계적인 과학저널 〈사이언스〉와 〈네이처〉에 다수의 논문을 발표했다. 그의 저서 『더 브레인(THE BRAIN)』에서는 뇌과학은 빠르게 변화하고 있고 중요하다고 말했다. 나 역시 뇌과학이 급속도로 성장하고 있음에 공감한다.

브레인을 더 잘 이해하려면 개인적 관계들에서 진실이라는 것과 사회생활에서 필수적이라는 것에 대한 통찰이 있어야 한다. 우리가 어떻게 싸우는지, 왜 사랑하는지, 무엇을 진실로 받아들이는지, 어떻게 교육해야 하는지, 사회 활동을 어떻게 향상시킬 수 있는지, 먼 미래를 위해 우리의 몸을 어떻게 설계할지에 대한 통찰이다. 현미경으로 봐야 할 정도로 작은 뇌의 회로 안에는 인간의 역사와 미래가 새겨져 있다고 그는 말했다. 나는 아이의 부모로서 미래에 대비해 브레인을 이해하고 공부해야 하는 이유가 여기에 있다고 생각한다.

인간은 태어나서 생후 2년 동안 감각 정보를 받아들이는 과정에서 뉴런들이 엄청나게 빠른 속도로 연결되기 시작한다. 실제로 뇌세포의 개수는 아이와 어른 모두 똑같다. 차이는 뇌세포들의 연결 방식에 있다. 두

살이 된 아기는 100조 개가 넘는 시냅스를 가지고 있다. 이는 성인의 2배다. 유아기에 뇌가 다듬어지면서 가능성들의 밀림이었던 뇌는 환경에 맞는 모습으로 시냅스를 제거해간다. 그러므로 뇌 속 시냅스의 연결들은 더 적어지고 더 강해진다.

초등 시기 아이에게는 전두엽 피질에서 새로운 세포들과 시냅스들 간의 연결이 형성된다. 새로운 경로들의 시냅스 연결들이 생겨나는 과잉 생산 시기이다. 이는 약 10년 동안 시냅스의 가지치기가 진행된다. 이때 시냅스가 약한 연결들은 제거되고 시냅스가 강한 연결들은 재강화된다. 이런 시냅스의 솎아내기 결과로 10대 시절 동안 전두엽 피질의 부피는 매년 약 1퍼센트씩 감소한다.

성인의 뇌는 10대 시절에 배우는 교육을 기반으로 시냅스의 뇌 회로들이 형성되어 있다. 그리고 청소년기는 수준 높은 추론과 충동 조절에 필요한 뇌 구역들에서 큰 변화들이 일어나기 때문에 급격한 인지적인 변화의 시기라고 데이비드 이글먼은 말했다.

초등 시기 전두엽에서는 새로운 시냅스들이 연결되고, 청소년기에는 인지적인 변화가 일어난다. 이는 초등 시기에 독서가 왜 중요한지를 뇌과학적으로 말하고 있다. 이 시기의 아이에게는 유아기에 형성된 브레인 성향의 행동 특성이 나타난다. 이러한 아이의 행동 특성을 파악하여 아이의 브레인 성향에 맞게 독서를 해야 한다. 브레인 성향에 맞는 독서는 쉽고 즐겁다. 그래서 브레인을 알면 독서는 쉬워진다.

•<브레인 독서법> 핵심 포인트

브레인을 알면 독서가 쉬워진다

초등 1학년 소영이는 우뇌 성향으로 좌뇌 기능을 발달시켜야 하는 아이이다. 소영이는 좌뇌 기능을 활성화하는 독서를 한다. 초등 아이가 브레인 성향에 맞는 독서를 하면 쉽고 재미있다. 이제 브레인을 알면 아이의 브레인 성향을 알게 되고 그러면 독서는 쉬워진다.

3

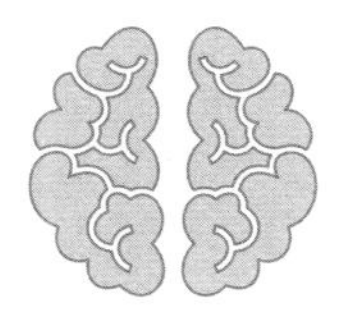

우리 아이 독서는 언제부터 시작해야 할까?

"아이가 몇 살 때 책 읽기를 시작해야 하나요?" "몇 살까지 책을 읽어 주면 좋을까요?" 초등학교 입학을 앞두고 많이 하는 부모들의 질문이다. 나는 10년 넘게 미술치료사로, 심리상담사로, 언어치료사로, 뇌 교육사로, 진로 코치로 다양한 아이들을 만났다. 똑같은 아이는 단 한 명도 없었고 모두 다 성향이 달랐다. 아이들은 부모로부터 받은 유전과 환경, 학습이 모두 다르다. 그런데 마치 질문은 모든 아이에게 똑같이 적용되는 듯 묻는다.

초등학교 1학년 아이 경우도 마찬가지다. 책 읽기, 이해하기, 쓰기, 말하기의 정도가 모두 다르다. 내 아이를 위한 부모의 질문이 달라져야 한다. 예를 들면 "우리 아이는 OOO(독서 습관, 태도, 자세, 성향)인데, 이럴 땐 어떻게 해야 하나요?"라고 질문해야 한다. 그러면 우리 아이만을 위한 솔루션이 될 수 있다.

"우리 아이는 책을 너무 좋아해요."

〈사랑이 생일날〉에 대한 이야기이다. 사랑이는 초등학교 1학년이다. 생일에 초대한 친구는 5명이었다. 거실에서 생일 축하 파티를 했다. 어머니는 거실에서 친구들과 놀고 있어야 할 사랑이가 갑자기 보이지 않는 것을 알았다. 화장실, 안방, 베란다를 찾아봤지만 없었다. 혹시나 해서 사랑이 방으로 갔다. 사랑이는 자기 방에서 책을 보고 있었다.

"사랑아! 뭐 해?"
"심심해서 책 읽으러 왔어."

나는 센터에서 어머니와 사랑이를 만났다. 들어서자마자 사랑이는 곧장 책장에서 프란치스카 비어만의 『책 먹는 여우』를 꺼냈고 조용히 앉아서 책을 보았다. 잠시 후 나는 사랑이를 만났다.

"사랑아, 무슨 책 봤어?"

"책 먹는 여우요."

"우와! 책 먹는 여우. 여우가 책을 먹니?"

"네, 여우가 책을 먹어요. 도서관 책도 먹어요."(함께 크게 웃는다)

"여우가 왜 책을 먹어?"

"음, 배가 고파서?"

"여우는 배가 고프면 책을 먹는구나. 사랑이도 책 먹어 봤어?"

"아니요. 책은 안 먹어봤어요."(함께 크게 웃는다)

사랑이는 책 보는 것이 제일 좋다고 말한다. 책에 대해 물어보면 대답을 잘한다. 『책 먹는 여우』는 2학년 수준의 책으로 다소 글이 많다. 사랑이는 책 내용을 다 이해하고 있었다. 책에 대한 흥미와 관심이 높았다.

어머니는 사랑이와 자주 도서관에 다녔다. 6세부터 혼자 책을 읽었다. 어머니도 독서를 좋아한다고 했다. 사랑이 생일 파티에서 친구들과 어울려 놀지 않고 혼자 책 보는 모습을 보며 놀랐다고 한다. 그러면서 어머니는 불안하다고 했다. 어머니의 독서 습관이 자연스럽게 사랑이 독서 습관으로 형성되고 있었다. 사랑이는 책을 조용하게 보았다.

사랑이는 좌뇌 성향으로 우뇌 기능을 발달시켜야 하는 아이이다. 좌뇌 성향 아이는 특별한 문제행동을 보이지 않는다. 언행이 조용하고 학습 능력이 탁월하다. 언어 이해력이 높고 논리적으로 말을 잘한다. 하지만 또래 관계에서 감정적인 언어 표현이나 공감력이 약해서 관계 형성에 어려움을 보이는 경우가 있다.

사랑이는 생일 파티에서 친구들과 어울리지 못하고 혼자 방에서 책을 보고 있었다. 하지만 사랑이는 아무렇지도 않은 태도를 보인다. 친구들과 함께 놀아야 하는 상황에 어울리지 못하고 심심해했다. 평소에도 사랑이는 조용히 혼자 책을 보는 경우가 많았다. 친구들은 뛰어노는데 사랑이만 책을 보고 있으면 친구 어머니들은 사랑이 어머니를 부러워했다. 하지만 어머니는 전혀 기쁘지 않았다고 한다. 친구들과 놀지 않는 사랑이에 대한 걱정이 많았다.

"사랑아, 친구들하고 가서 놀아."
"괜찮아, 난 책이 더 좋아."

사랑이는 집에 있는 책들은 거의 다 봤다고 한다. 도서관에서 10권을 빌려 오면 2~3일 안에 다 보고 또 본다고 했다. 어머니는 사랑이가 학교 다니기 전에는 책을 좋아해서 좋았다. 그런데 학교에 입학하고도 여전히 사랑이는 책에 빠져 산다고 했다. 친구들을 만나거나 놀지 않고 책에 빠져 있는 모습이 불안하게 느껴졌다고 했다.

사랑이네 가족은 어머니, 아버지 모두 조용하고 말이 없다. 가족 모두 책을 좋아하고 주말에는 함께 도서관에 간다. 사랑이는 자연스럽게 책을 좋아하게 되었다고 한다. 평소에 사랑이는 얌전하고 착한 아이로 특별한 문제는 없다고 했다.

사랑이는 좌뇌 성향이 강하게 활성화되는 모습의 행동 특성이 나타났다. 책을 좋아하고 언어적 소통에는 어려움이 없었다. 그러나 또래 관계에서는 감정적인 언어 표현이 서툴러 어울리지 못하는 모습을 보였다. 사랑이에게 좌뇌 강점으로 우뇌 기능을 활성화하는 독서와 독서 활동이 필요했다. 부모와 함께할 수 있는 독서와 독서 활동으로 〈브레인 독서법〉에 대해 설명했다. (자세한 내용은 부록 참조)

<브레인 독서법>

좌뇌 성향의 강점인 이해력을 활용하여 정서적 공감 느끼기

브레인 독서 –『책 먹는 여우』

준비물 : 책 1권, 규칙–짜증 내지 않기

1. 순서대로 한 문장씩 소리 내어 읽기(가위바위보로 순서를 정한다)
2. 책을 읽고 감정 표현 문장에 밑줄 긋기
3. 밑줄 그은 문장 소리 내어 크게 읽기(아버지, 어머니, 사랑이 모두 읽는다)

브레인 독서 활동 – [가족 협동화]

준비물 : 『책 먹는 여우』, 연필, 지우개, 채색 도구(색연필, 크레파스, 사인펜 등)

1. 『책 먹는 여우』를 읽고 가장 인상 깊었던 장면 고르기(사랑이가 고른다)
2. 의논하여 그릴 부분을 정하고 협동해서 그림 그리기
3. 완성된 그림을 보며 주제 짓기, 그림 뒷면에 주제, 날짜, 이름 적기
4. 그림을 보며 소감 나누기(장면을 선택한 이유, 느낌, 책을 읽고 함께 그림을 그린 소감)
5. 함께 간식 먹기, [가족 협동화]를 감상하며 칭찬하기(칭찬 3개 이상)

(완성된 [가족 협동화]는 거실 벽에 붙이기, 모이면 스크랩북에 보관하기)

어머니는 "엄청 쉽고 재미있겠어요."라며 해보고 싶다고 했다. 어머니는 사랑이에게 책을 읽어주거나 함께 책을 보기만 했다고 한다. 독서 활동을 특별히 해보지 않았다. 그 외 다양한 낭독법, 마인드맵, 하브루타, 난화 스토리텔링, 만화 그리기, 문제 내기, 초성 글자 맞추기(암호명) 등이 있다고 했고 〈브레인 독서법〉에 대해서는 하나씩 설명해주기로 했다.

초등 1학년 아이는 학교 생활에 긴장감이 높다. 이는 아이의 브레인 성

향마다 다르게 나타난다. 그래서 부모는 아이의 브레인 성향을 잘 파악하는 것이 중요하다. 아이의 브레인 성향을 파악하면 독서와 독서 활동을 쉽고 재미있게 할 수 있다. 사랑이는 좌뇌 성향으로 이해력이 높기 때문에 다양하고 수준 높은 책을 활용해도 좋다. 이러한 독서 활동은 좌우뇌를 균형 있게 활성화시킨다. 그러면 우뇌 활성으로 감정 표현을 하게 되면서 관계 형성도 잘하게 된다. 사랑이는 친구들과 좋은 관계를 맺으며 창의적인 미래형 리더로 성장하게 될 것이다. 그래서 초등 아이 독서는 아이의 브레인 성향에 맞게 시작해야 한다.

•<브레인 독서법> 핵심 포인트

우리 아이 독서는 언제부터 시작해야 할까?

사랑이는 초등학교 1학년으로 좌뇌 성향이 활성화된 아이이다. 좌뇌 성향의 강점으로 우뇌 기능을 활성화하는 독서와 [가족 협동화]의 독서 활동을 해야 한다. 사랑이는 좌우뇌가 균형 있게 활성화되면 창의적인 미래형 리더로 성장할 것이다. 초등 아이 독서는 아이의 브레인 성향에 맞게 시작해야 한다.

4

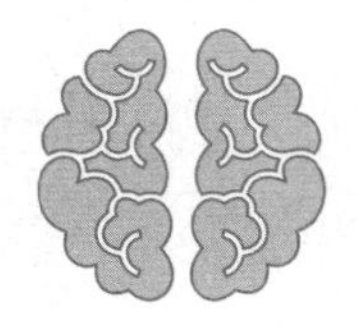

초등 독서는 생각 습관을 기르는 원천이다

"명수야! 엊그저께 했던 책 내용 기억하지?"

"기억 안 나는데요."

이틀 전에 읽었던 책 내용이 기억나지 않는다고 말해서 명수에게 책 내용을 다시 설명했다. 한 문장 말했더니 그때 "아…, 기억나요."라고 한다. 명수는 초등 4학년으로 오늘이 2번째 만남이다. 첫날에 책을 읽고 내용 이해와 줄거리에 대해 대답을 잘했었다. 그런데 이틀이 지나 책 내용을 기억하지 못하고 있었다.

명수는 책을 읽으면 이해력이 높고 논리적으로 대답을 잘했다. 자세도 반듯하고 순응적인 모습이었다. 그런데 새로운 책에 대해서는 호기심보다는 거부감이 있는 표정이었다. 새 책이 싫으냐고 물어보면 "괜찮은데요."라고는 말했다. 자기감정에 대해서 표현하지 않았다. 싫다거나 안 하겠다고 말하지 않는다.

명수의 브레인 성향은 좌뇌가 활성화되고 우뇌가 약하게 발달된 모습이다. 그래서 좌뇌의 강점을 활용하여 우뇌를 발달시키는 독서와 독서 활동을 했다.

나는 명수에게 김태광의 『생각의 힘』 중, 「어머니의 사랑」을 소리 내어 읽게 했다. 그리고 명수에게 생각나는 것을 물었다. 명수는 어머니에 대해 3가지가 생각났다고 했다. 나는 명수의 생각을 언어적으로 표현하는 독서 활동을 했다. [생각이 크는 나무]는 좌뇌 성향 아이에게 우뇌를 발달시켜 활성화하는 독서 활동이다. (자세한 내용은 부록 참조)

<브레인 독서법>

좌뇌 성향의 강점인 이해력을 활용하여 감정 및 생각 표현 향상

브레인 독서 – 『생각의 힘』「어머니의 사랑」

준비물 : 책 1권, 필기도구, 규칙–소리 크게 읽기

1. 소리 내어 읽기

2. 책을 읽고 긍정 문장 밑줄 긋기

3. 생각나는 것 말하기(3가지 이상)

브레인 독서 활동 – [생각이 크는 나무]

준비물 : 도화지, 연필, 지우개, 채색 도구(색연필, 사인펜), 볼펜

1. 도화지에 연필로 명수의 나무를 크게 그리기(열매는 3개 그리기)
2. 나무를 멋지게 채색하기(이 나무는 명수의 생각이 크는 나무니까 멋지게 채색하면 된다고 말해 줌. 열매는 채색하지 않음)
3. 열매에는 어머니에 대해 생각났던 3가지를 열매에 각각 글로 적기
4. 생각이 크는 나무의 제목 짓기(명수는 [어머니 생각이 크는 나무]라고 지음)
5. 어머니에 대해 생각했던 3가지를 소리 내어 크게 읽기.

1)어머니에게 짜증내지 않기 2)어머니를 미워하지 않기

3)어머니 사랑하기

명수에게 오늘 독서와 독서 활동에 대해 소감을 물었다.

"요즘 어머니에게 짜증을 많이 냈어요. 오늘도 어머니가 학교랑 학원에 태워줬는데, 나는 친구들과 놀 수가 없어서 어머니가 밉고 싫었어요.

그래서 짜증을 냈어요. 그런데 오늘 책을 읽고, 어머니 생각이 났어요."

오늘 명수는 독서와 독서 활동을 하고 자기의 생각을 표현했다. 어머니는 지하주차장 차 안에서 명수를 기다리고 있었다. 그래서 나는 연락해서 센터에 와달라고 했다.

어머니에게 오늘 명수와 함께 수업했던 책과 독서 활동의 [어머니 생각이 크는 나무]를 보여줬다.

"오늘 독서 책은『생각의 힘』중,「어머니의 사랑」편이구요, 이것을 읽고 명수가 그린 〈어머니 생각이 크는 나무〉예요"

"명수가 나에 대한 생각을 그린 거라구요?"

"네. 이 책을 읽고 명수가 어머니에 대한 생각을 그림으로 표현한 거예요. 그 열매에 적힌 글은 어머니에 대한 명수의 생각이에요."

"세상에…."(눈물을 훔친다)

어머니는 그림을 한참 동안 보았다. 기쁘고 벅찬 기쁨의 눈물이라고 했다. 최근 명수가 짜증이 심해서 걱정이 많았다고 한다. 명수를 늦게 낳아서 너무 귀하게 키웠나 하는 생각이 들었다. 이제는 학교와 학원을 그만 태워주려고 생각하고 있었다. 오늘 명수의 독서 활동을 보고 대견스럽다는 생각이 든다고 했다. 작년까지는 얌전하고 말도 잘 들었다. 그런데 4학년 올라와서 자기 생각은 말을 안 하고 짜증을 많이 냈다고 한다. 어머니는 답답했는데, 오늘 독서와 독서 활동으로 명수의 생각이 커진 것 같아 마음이 편안해진다고 했다.

어머니에게 〈브레인 독서법〉에 대해 설명했다. 명수는 차분하고 언어 이해력이 높은 좌뇌 성향으로 우뇌 기능을 발달시켜야 하는 아이이다. 좌뇌 강점을 활용하여 우뇌를 활성화하는 독서와 독서 활동을 해야 한다. 명수는 좌뇌 성향으로 자기 생각과 감정적 언어 표현이 서툴고 미숙했다. 독서를 통해 명수가 표현하고자 하는 말을 적어서 말하기를 반복 훈련해야 한다.

명수는 책에 대한 이해력이 높고, 책을 반복해서 읽고 쓰기를 잘한다. 그러므로 매일 독서를 하고 생각을 적어서 말로 표현하는 훈련을 해야 한다. 나는 명수에게 〈브레인 독서법〉에 대해 설명했다.

"우리 명수는 똑똑하고 이해를 잘하잖아. 그런데 이해한 만큼 말로 표현이 안 돼서 속상하니까, 명수가 책을 읽고 '말하고 싶은 문장'에 줄을 긋는 거야. 그 문장을 노트에 적고, 10번을 소리 내어 읽는 거야. 할 수 있겠니?"

"네. 오늘처럼 책을 읽고 줄을 긋고, 그 문장을 노트에 적고 10번 읽으면 되죠?"

"역시!(오른손 엄지손가락을 세운다) 우리 명수는 정말 이해를 잘하네. 맞아. 그리고 오늘 [생각이 크는 나무]를 했잖아. 그것처럼 책을 읽고 너의 생각을 적어서 그것도 소리 내서 크게 읽는 거야. 할 수 있겠니?"

"[어머니 생각이 크는 나무]처럼 하는 거죠?"

"그래. 책을 읽고 어머니 생각을 한 것처럼 너의 생각을 노트에 적는 거야."

"네. 할 수 있어요."

"명수야, 책은 반복해서 읽고 써도 괜찮으니까, 같은 책을 여러 번 반복해도 괜찮아. 다음에 올 때 노트 챙겨서 오렴. 선생님이 점검해줄게."

명수는 〈브레인 독서법〉에 대해 이해를 잘하고 할 수 있다고 했다. 나는 명수에게 좋아하는 책으로 매일 독서 계획을 세우라고 했다. 어머니에게는 일주일 동안 매일 독서 점검을 부탁드렸다. 명수가 독서로 생각 표현을 잘하면 우뇌 기능이 활성화된다. 이는 좌우뇌를 균형적으로 발달시켜 활성화하게 된다. 그러면 명수에게 독서 습관이 쉽게 길러지게 된다.

어머니는 〈브레인 독서법〉이 명수에게 잘 맞고 쉽게 느껴진다고 했다. 나는 어머니에게 명수가 매일 독서를 잘할 수 있도록 어머니의 긍정적인 지지가 필요하다고 했다. 그래서 명수에게 표현할 긍정과 격려의 문장을 노트에 적고 명수에게 표현하기를 부탁했다.

명수는 독서에 대한 이해력이 높다. 하지만 자기의 생각과 언어적 감정 표현이 서툴렀다. 그래서 명수는 관계 형성에서 소통의 어려움이 나타났다. 자기의 생각이나 감정을 잘 표현하기 위해서는 훈련이 필요하다. 그래서 〈브레인 독서법〉은 명수의 브레인 성향에 맞는 좌뇌 기능 강점으로 약한 우뇌 기능을 발달시키는 생각 습관을 훈련하기로 했다. 명수는 생각 습관이 길러지면 자신의 생각을 잘 표현하게 될 것이다. 자신감이 있는 모습으로 사고력이 풍부해질 것이다. 명수에게 〈브레인 독서법〉은 독서 습관을 생각 습관의 원천이 되도록 만들어줄 것이다.

• 〈브레인 독서법〉 핵심 포인트

초등 독서는 생각 습관을 기르는 원천이다

초등 4학년인 명수는 좌뇌 성향으로 독서에 대한 이해력이 높다. 하지만 평소 관계에서 생각이나 언어적 감정 표현이 약했다. 생각 습관은 독서를 꾸준하게 훈련해야 한다. 독서로 생각이 커지고 표현력이 길러지면 생각 습관으로 이어진다. 초등 독서는 생각 습관의 원천이 되는 것이다. 명수는 생각 습관이 길러지면 자신의 생각을 잘 표현하게 되고 자신감이 있는 모습으로 사고력이 풍부해질 것이다.

5

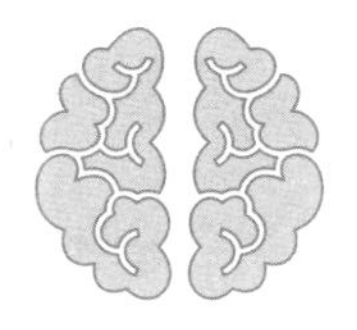

초등 독서 습관이 공부 습관이 된다

공부 습관은 어떻게 생길까? 아들이 초등학교에 입학하고 난 후부터 아들에게 맞는 공부 습관을 기르기 위해 책을 보고 교육을 받았다. 학습에 어려움을 느끼는 아들은 독서와 공부를 힘들어했다. 그래서 나는 아이마다 행동 특성은 다르지만 자기에게 맞는 독서와 공부 잘하는 방법을 찾고 싶었다. 나는 세계적으로 성공한 위인들의 어린 시절 브레인 성향을 분석해보면서 아이들에게 적합한 독서 습관과 공부 습관을 찾아보았다. 그중에서 어릴 때부터 서재와 도서관 책을 모두 읽은 세계적인 투자가 워런 버핏의 독서 습관과 공부 습관을 브레인 성향으로 파악해보았다.

"Read, read, read."(읽고, 읽고, 또 읽어라)

워런 버핏이 한 남성에게 지혜를 구하는 편지를 받고 엽서에 친필로 쓴 글이다. 세계 4위의 부자로 가장 위대한 투자가인 버핏이 책에서 투자 노하우뿐 아니라 인간관계의 해법과 미래의 꿈을 발견했다고 말하는 영상을 본 적이 있다.

버핏은 어렸을 때부터 책 읽기를 좋아하고 숫자에 호기심이 많은 아이였다. 그리고 숫자와 돈에 대해 계산이 빨랐다. 7살에는 미네이커의 『천 달러 버는 천 가지 방법』을 집 근처 도서관에서 찾았는데 몇 번을 반복해서 읽었고, 8살 때는 아버지 서재에 있는 투자 서적을 모두 읽었다. 10살 때는 공공도서관에서 투자 관련 책을 모조리 읽었고, 삼촌에게 세계백과사전을 받아 읽으면서 '천국'이라고 했다.

버핏은 숫자 능력이 뛰어났고 숫자에 대한 호기심이 강했다. 이러한 호기심은 아버지의 서재에서 투자 관련 책을 보면서 더욱 커졌다. 아버지는 주식 중개인으로 투자서 관련 책이 많았다. 그는 아버지 서재뿐만 아니라 투자 관련 책들이 있는 도서관은 모두 찾아다니면서 읽었다. 그러면서 더욱 복잡한 계산법도 연구하게 되었고, 직접 돈을 벌며 투자 경험을 하게 된다. 버핏의 호기심은 독서를 통해 탐험하게 했고 이는 새로운 경험에 도전하게 만들었다.

"복리란 세계 8대 미스터리 중 하나이다."

아인슈타인은 복리를 알 수 없는 미스터리라고 했는데, 버핏은 "복리는 간단한 개념이지만 시간이 지날수록 범상치 않은 결과를 낳는다."라며 매우 흥미롭게 생각했다. 그는 복리 계산법에 점점 매료되었다고 했다. 이러한 호기심은 더 강한 경험으로 그를 이끌었다.

누구의 방해도 받지 않고 독립적인 일을 하고 싶어서 새벽 5~6시에 일어나 신문 배달을 했다. 하루에 500부를 배달했는데 이를 1부당 5센트 정도의 복리로 계산을 해보았다. 그는 이렇게 돈을 벌고 계산하는 것은 게임이고 그 자체를 즐겼다고 말했다. 그 외에 집집마다 다니며 코카콜라를 팔았고, 껌, 신문, 잡지, 저널 등을 팔았다. 13살에는 처음으로 세금 신고서를 제출했다고 한다. 그의 아버지는 버핏이 어릴 때부터 매우 계산이 빠르고 명석하게 사업하는 모습을 보고 '파이어볼(빠른 공)'이라는 별명을 지어줬다.

나는 버핏의 어린 시절을 보면서 유전적으로 강하게 타고난 숫자에 대한 호기심과 빠른 계산력이 투자 관련 독서를 통해 브레인 발달을 촉진시켰고 활성화한 것으로 보였다. 이는 전두엽이 발달할 때 독서와 공부가 습관화되었고, 다시 새로운 경험에 도전을 하면서 전두엽은 더 강하게 활성화되었다는 것을 나타낸다.

"나는 서른 살이 됐을 때 백만장자가 되어 있을 거야."

버핏은 학교에서 월반한 가장 어리고 똑똑한 학생이었다. 어릴 때부터 책을 많이 읽어서 별명이 '책벌레'였고, 16살 무렵에는 사업 관련 서적을 수백 권이나 읽은 상태였다. 앉은 자리에서 한 권을 다 읽는가 하면 하루에 5권씩 읽기도 했다. 11세 때 경제신문을 읽었고 직접 주식 투자를 하면서 경제 용어를 모를 때는 다른 책을 찾아보았다. 그의 이러한 독서 습관과 공부 습관은 대학교까지 이어졌다. 그는 시험 걱정을 한 적이 없고 대학교에서 모든 과목을 3년 만에 통과하고 졸업했다.

워런 버핏의 독서 습관은 책을 읽고, 또 읽는 반복적인 책 읽기였다. 이러한 반복은 독서 습관을 바르게 길러줬고 지적 호기심을 탐구하게 했다. 바른 독서 습관은 자연스럽게 공부 습관으로 이어졌다. 어린 시절 브레인 성향에서 나타나는 행동 특성은 조용하며 몰입도가 강한 좌뇌 성향이다. 특히, 그가 좋아하는 투자 관련 독서는 좌뇌를 더욱 활성화했다.

그는 성장하면서 아버지와 친한 친구 같은 사이로 지냈고, 늘 아버지를 동경했다. 그러나 어머니와 친밀하게 지내지 못했다고 한다. 이러한 부모와의 관계에서 정서적 교감과 감정 표현을 발달시키는 우뇌를 더 활성화하지 못한 것으로 보인다.

버핏은 독서 습관과 공부 습관으로 전문적 지식이 높은 강한 좌뇌 성향으로 성장했다. 그래서 타인과의 관계 형성에서 감정 표현이 서툴렀고 공감 형성이 부족했다. 특히, 가족과 소통에서 어려움을 크게 겪었고, 아내 수잔과 헤어지면서 갈등은 현실로 나타났다. 아내는 버핏이 진실하고 선한 마음을 가졌다는 것을 알지만 공감적인 소통이 어려워 괴로워했다. 그래서 그의 곁을 떠났다.

"응석받이로 키우지 말라. 무엇이든지 하고픈 일을 할 수 있을 정도로 충분히 뒷받침해주되, 아무것도 하지 않게 될 정도로 지나치게 주지는 말아라."

버핏은 삶의 가장 중요한 덕목을 '성실'이라고 여겼다. 면접에서 그 사람의 품성을 볼 때 가장 중요한 세 가지는 성실, 에너지, 지능이라고 했다. 그리고 성실이 없다면 나머지 2가지는 무용지물이라고 했다. 그는 자녀에게 '아버지의 돈'에 대해서는 신경 쓰지 말 것을 거듭 당부했다. 자신의 돈은 자녀를 망가뜨리는 무덤이 될 수 있기 때문이다. 그리고 부자 아버지의 돈은 꿈을 이루기 위해 필수적인 '성실'을 빼앗아간다고 말했다.

그는 세계 최고의 부자가 되었던 비결로 지금까지도 시간을 투자해서 읽고 있는 책을 들었다. 그는 지금도 매일 새벽, 신문을 보고, 사무실에서는 『월스트리트 저널』을 본다. 매일 신문과 잡지, 투자 도서를 꾸준히 보고 있다고 했다.

워런 버핏이 가장 중요한 덕목이라고 한 성실은 습관에서 비롯되는 기본적인 삶의 자세이다. 책을 보는 자세는 매일매일 실행하는 성실함에서 습관이 생긴다. 그의 독서 습관과 공부 습관은 성실함에서 비롯되었고 이러한 독서 습관이 잠재력을 발현시켜 투자에서 성공한 사람이 되었다. 버핏처럼 어렸을 때 잠재력이 보이면 이를 독서로 성장시켜야 한다. 그러면 독서를 통해 새로운 경험과 탐험으로 끊임없이 도전하게 된다. 버핏의 독서는 독서 습관으로 길러졌고 공부 습관이 되었다.

"비판하지 말고, 욕하지 말고, 불평하지 마라. 사람들이 가지고 있는 소중한 자부심에 상처를 주며, 자존감을 헤치고, 적개심을 불러일으키기 때문이다. 사람들은 비판받기를 바라지 않는다. 인간의 본성 가운데 가장 심오한 충동은 '중요하게 인식되고 싶은 소망'이다."

버핏이 8살 때 읽었던 책이 데일 카네기의 『인간관계론』이다. 그리고 성인이 되어 데일 카네기를 만나서 사람들과 지내는 방법을 배웠다. 자신의 인생에서 중요한 전환점을 마련해준 것은 대학 졸업장이 아닌 데일 카네기 코스에서 받은 수료증이라고 했다. 그리고 그는 성공의 척도가 돈이 아닌 인간관계라고 말했다. 이는 강한 좌뇌 성향이 우뇌를 발달시켜 브레인을 균형적으로 활성화하려는 모습으로 보인다.

우리의 뇌는 뇌가소성에 의해 끊임없이 새로운 신경세포를 만들어낸다. 이는 독서와 학습의 정도에 따라 다르다. 워런 버핏은 수많은 독서와 공부를 했고, 지금도 성실하게 신문과 잡지, 투자 관련 도서와 인문 도서를 읽는다고 했다. 그의 브레인은 독서 습관으로 잠재력을 발현했다. 이러한 독서로 인한 잠재력은 선한 영향력을 미치게 한다. 그는 자기의 재산 99%를 사회에 환원하겠다고 밝히며 매년 실천하고 있다.

그가 현재 세계적인 투자가로 성공하여 존경받게 된 가장 큰 이유는 어린 시절부터 길러진 독서 습관으로 끊임없이 배우며 성장하는 성실한 자세 때문이다. 이러한 잠재력이 발현되기 위해서는 전두엽이 발달하는 초등 시기에 독서 습관이 공부 습관으로 이어져야 한다.

• <브레인 독서법> 핵심 포인트

초등 독서 습관이 공부 습관이 된다

세계적인 투자가 워런 버핏의 성공은 독서 습관에서 비롯되었다. 어린 시절에 타고난 숫자 계산 능력은 독서를 통해 잠재력이 발현되었다. 그의 잠재력은 어린 시절 독서 습관이 공부 습관이 되었고, 지금까지도 계속 이어지고 있다.

6

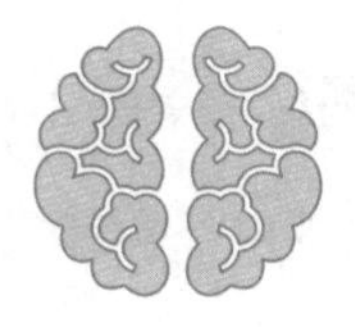

읽는 독서와 듣는 독서가 달라야 하는 이유

독서는 문자로 된 언어 정보를 통합하는 지적 활동으로 글을 읽고 내용을 이해하는 것이다. 이는 읽는 독서로 아이가 책을 읽으면서 어휘와 문법에 대한 이해가 가능할 때 이루어진다. 읽는 독서가 가능한 아이는 전두엽의 좌뇌가 잘 발달하기 때문에 가능하다.

좌뇌의 언어 기능이 활성화되면 아이의 읽기 독서는 비교적 쉽게 이루어진다. 하지만 읽기 독서가 어려운 아이는 듣는 독서를 해야 한다. 이런 아이에게는 부모의 낭독으로 공감을 형성해주면서 풍부한 어휘력을 들으면서 이해하도록 해야 한다.

초등 저학년 때 아들은 책 읽기를 유난히 어려워했고 내용 이해도 힘들어했다. 어휘력이 낮은 아들에게 책을 더 많이 읽히려고만 했다. 그러나 아들은 학년이 올라갈수록 책 읽기를 힘들어했다.

(소리 없이 눈물을 흘리며 울고 있다)

"왜 울어?"

"힘들어요."(눈물을 닦으며)

초등 3학년이 되어서야 자기 감정을 표현하기 시작했다. 1, 2학년 때는 말을 하지 않아서 잘 몰랐다. 하지만 3학년이 되면서부터는 '힘들다, 어렵다.'라는 표현을 하게 되었다. 그동안 얼마나 스트레스를 받았을까 하는 생각에 가슴이 아파왔다. 나오려는 눈물을 참으며 아들에게 부드럽게 말해줬다.

"찬아, 이제 엄마가 책을 읽어줄게."

"네."

"아들, 엄마가 미안해!"(꼭 안아준다)

초등학교에 들어가면서 책을 더 많이 읽어주고 즐거운 독서를 하게 했더라면 하는 아쉬움이 컸다. 그때 아들에게 했던 마음 치유는 '만다라'였다. 마음의 평안을 주기 위해 만다라 문양을 채색하고 감정을 표현하게 했다.

아들은 순응적이고 표현이 어려운 좌뇌 성향으로 우뇌를 발달시켜야 하는 아이다. 책을 읽어주고 듣기 독서를 해야 하는 아이였다. 그리고 어휘력 높이기 활동과 감정을 표현하는 그림으로 독서 활동을 하면 책이 재미있었을 것이다. 듣기 독서를 해야 하는 아이에게 읽기 독서를 시켜서 아들은 재미있는 독서 경험이 부족했었다.

초등 아이들을 만나면서 아들과 겪었던 일이 떠오르곤 한다. 만나는 아이들이 자기만의 잠재력을 찾아 꿈을 찾는 열쇠가 '책'이길 바라는 마음이다. 그리고 그 책은 읽는 독서가 맞는 아이와 듣는 독서가 맞는 아이를 잘 구분하여 브레인을 발달시키는 것이 중요하다.

나는 센터에서 책을 혼자서도 잘 읽는 초등학교 2학년 다빈이를 만났다. 낭송을 들으면 책 읽기를 좋아하는 모습으로 보였다. 책을 다 읽은 다빈이에게 물었다.

"우리 다빈이 책을 정말 잘 읽네. 내용이 재미있는 것처럼 들리는데, 무슨 내용인지 들려줄 수 있을까?"

"음 …, 그러니까, 음 …, 기억이 안 나요."

"그래, 그럼 선생님하고 함께 읽어볼까?"
"아니요. 이제 그만 읽을래요."
"그럼 다른 책 읽고 빙고 게임할까?"
"음 …, 어떤 책이요?"

다빈이에게 베르너 홀츠바르트의 『누가 내 머리에 똥 쌌어?』를 보여주며, 책을 함께 읽는 방법에 대해 설명해줬다.

"빙고 게임을 하려면 책에 있는 단어를 알아야 하거든. 그래서 다빈이랑 선생님이랑 한 페이지씩 교대로 읽을까 하는데 다빈이 생각은 어때?"
"아, 그럼 내가 먼저 읽을게요."

다빈이는 책을 읽는 모습에 자신감이 있고 자기 감정을 솔직하게 표현하는 아이이다. 하지만 이해력이 부족하고 책 내용에 흥미가 없었다. 좌뇌보다 우뇌가 더 발달한 행동 특성이다. 어휘력을 높여 좌뇌를 발달시키는 독서 활동으로 다빈이가 독서에 자신감이 생기게 해야 했다. 다빈이는 읽기 독서가 가능하다. 하지만 어휘력이 낮아 내용 이해가 어려우면 책이 싫어지게 된다. 그래서 『누가 내 머리에 똥 쌌어?』를 읽고 어휘력을 높이는 빙고 게임을 했다. (자세한 내용은 부록 참조)

<브레인 독서법>

우뇌 성향의 말하기 활동성 강점 활용하여 이해력 향상

브레인 독서 - 『누가 내 머리에 똥 쌌어?』

준비물 : 책 1권, 연필, 노트, 규칙-짜증내지 않기

1. 1페이지씩 교대로 책 읽기
2. 책을 읽고 모르는 단어 밑줄 긋기
3. 밑줄 그은 단어 사전에서 찾아보고 다빈이에게 설명해주기

브레인 독서 활동 - [3음절 빙고 게임]

준비물 : 『누가 내 머리에 똥 쌌어?』, 빙고판(5x5=25칸) 2장, 연필, 지우개

1. 3음절(예-쿠당탕, 말똥이, 콩처럼, 주워로 등) 이해시키기
2. 책을 보며 단어를 찾아 빙고 칸 채우기(25칸)
3. 빙고 게임을 해서 5줄을 성공시키기
4. 모르는 단어는 따로 노트에 적어두기
5. 모르는 단어 사전 찾아서 설명해주기

다빈이는 처음 하는 '빙고 게임'이 재미있다며 좋아했고, 내가 이겼지만 아랑곳하지 않았다. 그래서 바로 '2음절 빙고 게임'을 다시 했고, 나는

일부러 다빈이가 이기도록 해줬다. 다빈이에게 잘한다며 칭찬을 듬뿍 해주며 오늘 독서 활동에 대해 소감을 물었다.

"빙고 게임 재밌어요. 또 하고 싶어요."

다빈이는 감정적인 표현으로 소감을 말했고, 활발하고 밝은 표정이었다. 모르는 단어 찾기에서도 재미있어 했다. 다빈이는 새로운 방법을 제시하면 흥미로워 했다. 다빈이의 독서 활동은 즐겁고 재미있으면서 어휘력과 이해력을 높이는 다양함이 필요했다. 다빈이는 책 읽기에 관심이 높고 자신이 책을 잘 읽고 있다고 생각한다. 내용을 이해하는 것보다 책을 잘 읽고 있다는 자신감이 높았다. 이런 다빈이에게는 책 내용을 이해할 수 있는 독서가 중요하다.

다빈이에게 읽기 독서에 자신감을 가질 수 있도록 어휘력을 높여주는 독서 활동을 해야 한다. 그래서 책은 즐겁고 재미있다는 것을 알게 해줘야 한다. 그러면 읽기 독서에 자신감을 갖게 되며 이는 브레인의 좌우뇌를 발달시켜 활성화시켜준다.

초등 아이는 브레인 발달 상태에 따라 아이의 행동 특성이 다르게 나타난다. 책을 읽고 이해력이 부족해서 표현을 못하는 아이에게는 듣는 독서를 해야 한다. 이는 듣기로 어휘력과 이해력을 높이는 반복적인 대화를 하면 된다. 이런 경우에는 좌뇌 발달이 늦은 경우의 아이다. 그러나 읽는 독서는 어휘력과 이해력이 높은 아이이다. 이런 경우에는 감정 표현과 관계 형성에 어려움이 없는지 살펴보아야 한다. 이제는 아이의 브레인 성향에 맞게 독서로 읽는 독서와 듣는 독서가 달라져야 한다.

•〈브레인 독서법〉 핵심 포인트

읽는 독서와 듣는 독서가 달라야 하는 이유

다빈이는 우뇌 성향으로 좌뇌를 발달시켜야 하는 아이이다. 어휘력과 이해력을 높이기 위한 독서와 '3음절 빙고 게임'의 독서 활동으로 재미있는 〈브레인 독서법〉을 한다. 이제는 아이의 브레인 성향에 맞는 독서로 읽는 독서와 듣는 독서가 달라진다.

7

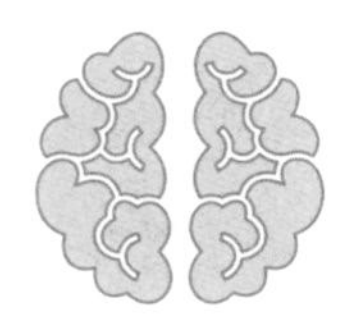

뇌 구조를 알게 되면 독서 훈련이 쉽다

『꿈을 이룬 사람들의 뇌』의 저자 조 디스펜자(Jeo Dipenza, D. C)는 카이로프랙터 박사이다. 뇌의 자연 치유를 연구했다. 그는 사이클 경기 도중 차에 치여 척추가 6군데 부러지는 사고를 겪었다. 그 후 그는 뇌의 치유력을 통해 수술 없이 단 12주 만에 걷게 되었다. 그리고 기적적인 치유를 경험한 사람들을 만나면서 인간의 마음과 육체를 다스리는 열쇠가 뇌에 있다는 사실을 깨달았다. 그는 "부정적인 감정과 에너지, 잘못된 습관, 몸의 질병으로 고생하는 이들을 위해 책을 집필한다."라고 했다.

인간의 뇌는 무한 능력으로 자연 치유를 할 수 있다는 저자의 말에 나는 또 한 번 놀라게 되었다. 이 책에는 내가 보아왔던 치유, 명상, 의식에 관한 내용이 모두 담겨 있다. 이러한 놀라운 기능이 있는 브레인에 대해 많은 사람이 알게 되었으면 하는 바람이다. 특히, 아이가 있는 부모는 브레인에 대한 독서와 공부를 했으면 한다. 전두엽이 발달하는 초등 시기에 아이에게 학습과 독서 훈련은 정말 중요하기 때문이다.

인간의 전두엽이 동물에 비해 크기가 큰 이유는 반사적인 충동적 행동을 억제하기 위해서다. 전두엽은 우리 몸의 중앙통제실과 같다. 이는 모든 인간의 사고와 행동을 조정한다.

"인간은 경험했던 기억과 감각자극을 비교하여 상황에 맞는 행동을 할 수 있다. 전두엽은 불필요한 자극의 반응을 억제하고, 의도적으로 '장기적인 목표 달성'에 집중할 수 있다. 이렇게 오랫동안 목표를 향해 실행하려는 것은 인간 행동의 본질적 능력이기 때문이다."라고 저자는 말하고 있었다.

우리는 꿈과 목표를 이루려는 것이 본능적인 행동이다. 이것은 전두엽의 사고력을 발달시킬수록 꿈과 목표는 달성된다는 말과도 같다. 나는 이러한 전두엽의 사고력을 독서로 발달시켜야 한다고 생각한다.

아이의 뇌 발달은 모두 다르며, 특히, 언어 · 인지 발달이 늦은 경우가 있다. 그러나 부모의 고정 관념으로 아이의 발달 성장을 이해하지 못하는 경우가 있다. 아이에게 부정적인 판단으로 낙인을 찍으면 아이의 뇌 발달은 위험하게 된다. 부모가 아이에게 낙인찍는 경우는 "~하기 때문에 할 수 없다."라고 단정 짓는 것을 말한다.

초등 2학년 현민이는 어머니의 고정 관념이 현민이에게 부정적인 낙인을 찍고 있었다. 어머니는 나를 처음 만났을 때 현민이에 대해서 이렇게 말했다.

"우리 현민이는 가만히 못 있어요, 그리고 책을 안 봐요, 책을 싫어해요. 학교에서는 산만해서 움직임이 많고 어떻게 할지 모르겠어요."

어머니는 현민이에게 부정적인 말로 낙인을 찍고 있었다. 현민이가 이런 부정적인 말을 듣고 있었다는 생각에 마음이 아팠다. '못한다, 안 한다, 싫어한다' 등의 부정적인 말은 아이의 뇌 발달을 망치게 할 뿐만 아니라 성장하지 못하게 한다.

현민이는 어머니와 신뢰 관계를 형성하지 못했다. 정서적으로 불안감이 높고 산만하여 주의 집중이 약했다. 이는 학교에서도 적응하지 못하게 만들었고 문제 아이로 낙인 찍히게 했다.

"어머니! 지금 가장 중요한 할 일은 현민이와 신뢰 관계를 쌓아야 하는 거예요."

나는 어머니에게 현민이를 안정시키고 어머니와의 관계를 회복시켜야 한다고 말했다. 현민이는 현재 정서적으로 불안정한 상태이며 독서와 학습이 어려웠다. 현민이는 태어나서 까다로운 기질의 아이였다. 밤에도 잘 자지 않았고, 성장하면서는 개구쟁이였다고 한다. 어머니는 현민이를 보면서 지치고 힘들었다고 한다. 늘 소리치고 혼내고 야단치면서 현민이는 눈치를 보기 시작했다. 현민이는 안정 애착을 형성하지 못했고, 어머니에게 늘 잔소리를 듣는 아이로 심리적으로 긴장감이 높고 위축된 상태였다.

현민이는 호기심이 강하고 충동적이며 산만했고 감정 표현을 잘했다. 이러한 행동 특성은 우뇌 성향으로 좌뇌를 발달시켜야 하는 아이이다. 지금은 정서적 안정이 우선이기에 어머니와 현민이가 친밀해지고 현민이가 정서적으로 안정이 되면 〈브레인 독서법〉을 하기로 했다.

아이는 잔소리를 듣고 자라면 전두엽의 좌뇌가 발달하지 않는다. 부정적인 언어는 아이의 자존감뿐만 아니라 언어 기능을 담당하는 좌뇌 발달을 약하게 만들기 때문이다. 감각자극 시기에 부정적인 말과 신체 접촉이 이루어지지 않은 아이는 뇌 성장 발달에 영향을 받는다. 정상아가 미숙아가 되는 경우의 연구 결과도 있다. 그래서 아이에게는 사랑을 표현하는 긍정적인 말과 신체 접촉으로 감각자극을 촉진시키는 것이 아이의 뇌 발달에 매우 중요하다.

어머니는 현민이에게 신뢰를 쌓아야 했다. 말투는 부드럽고 상냥하게 "잘한다.", "멋지다."라며 자주 칭찬해줘야 한다. 부정적인 말은 절대 하지 않도록 당부했다. 우선 어머니에게 웨인 다이어의 『아이의 행복을 위해 부모는 무엇을 해야 할까』라는 책을 추천하고, 긍정적인 말만 할 수 있도록 노트에 적으라고 했다. 그리고 '현민이를 위한 기도'를 적어서 매일 밤 현민이가 잠들면 읽어주도록 했다. 독서는 현민이에게 책을 선택하게 하고 어머니는 책을 읽어주며 긍정적인 대화만 하도록 했다.

지금 현민이를 위해 무엇보다 가장 중요한 것은 더 이상 현민이의 뇌가 다치면 안 되는 것이었다. 현민이의 행복을 위해 어머니가 먼저 달라진 모습을 보여주고 관계를 개선해서 현민이에게 정서적인 안정을 갖게 해야 한다고 말했다.

2주일 뒤에 현민이 어머니에게서 연락이 왔다. "선생님, 지금 현민이와 여행 중이예요. 그전에는 왜 그렇게 힘들게 지냈는지 모르겠어요. 생각을 바꾸니 현민이에게 문제가 크지 않았어요. 요즘은 많이 싸우지 않게 되었어요."라고 했다. 나는 "잘하고 있어요."라며 격려를 해주고, 어머니와 현민이를 2주 후에 만나기로 했다.

어머니는 감정적인 표현이 서툴고 언어 이해력이 빠른 좌뇌 성향이 우세했다. 현민이와는 브레인 성향이 반대였다. 어머니는 현민이에게 나타나는 행동 특성을 이해하지 못하고 지시와 강요로 잔소리를 했다. 그래서 현민이는 어머니의 눈치를 보면서 무서워했고 불안감이 높았다. 현민이의 브레인은 성장하지 못하고 망가지고 있었던 것이다.

어머니는 현민이와 자기의 브레인 성향을 이해하고 현민이와 맞지 않는 부분에 대해 이해하게 되었다고 말했다.

인간의 뇌 구조는 대뇌, 소뇌, 뇌간으로 이루어져 있다. 그리고 좌우 두 개의 반구로 이루어져 있다. 대뇌는 전두엽, 두정엽, 측두엽, 후두엽으로 나뉘어져 있고, 그 기능은 운동, 감각, 감정, 언어, 학습과 기억, 판단 등을 한다. 소뇌는 운동 조절과 운동 학습의 기능을 하고, 뇌간은 간뇌, 중뇌, 교뇌, 연수로 이루어져 있으며 생명 유지의 기능을 한다. 그리고 전두엽은 사고력 등의 고등 정신 작용을 담당하고 모든 행동을 조절하고 통제하는 기능을 한다.

초등 아이는 전두엽이 발달하는 중요한 시기이다. 이때 사고력을 어떻게 학습하고 훈련하느냐에 따라 아이의 브레인 발달 특성은 다르게 나타난다. 사고력이 발달하는 초등 아이에게 다양한 독서를 통한 경험은 뉴런(신경세포)을 활성화시켜 시냅스의 연결을 촉진시킨다. 그러므로 아이는 다양한 독서 경험을 통해 전두엽을 발달시켜야 한다.

이러한 다양한 독서 경험은 아이의 올바른 사고와 인성을 기르게 한다. 그러면 아이는 균형적인 브레인 발달로 뇌세포를 활성화하여 잠재력을 발현하게 된다. 인성이 바른 아이가 잠재력을 발현하면 선한 영향력을 발휘하게 될 것이다.

부모는 브레인 발달과 뇌 구조를 알고 아이에게 맞는 독서를 해야 한다. 그러면 독서 훈련은 쉽게 이루어진다.

•<브레인 독서법> 핵심 포인트

뇌 구조를 알게 되면 독서 훈련이 쉽다

사고력이 발달하는 초등 아이에게 다양한 독서를 통한 경험은 뉴런(신경세포)을 활성화시켜 시냅스의 연결을 촉진시킨다. 부모는 브레인 발달과 뇌 구조를 알고 아이에게 맞는 독서를 해야 한다. 그러면 독서 훈련은 쉽게 이루어진다.

2장

아이의 뇌를 알면
아이의 미래가 보인다

아이를 위한 시

— 다이아나 루먼

만일 내가 다시 아이를 키운다면

먼저 아이의 자존심을 세워주고

집은 나중에 세우리라

아이와 함께 손가락 그림을 더 많이 그리고

손가락으로 명령하는 일을 덜 하리라

아이를 바로잡으려고 덜 노력하고

아이와 하나가 되려고 더 많이 노력하리라

시계에서 눈을 떼고 눈으로 아이를 더 많이 바라보리라

더 많이 껴안고 더 적게 다투리라

도토리 속의 떡갈나무를 더 자주 보리라

덜 단호하고 더 많이 긍정하리라

(이하 생략)

1

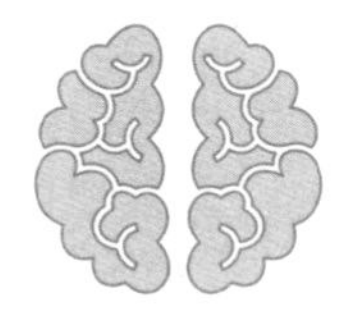

아이의 행동에는 원인이 있다

유아기, 아동기 또는 청소년기에 흔히 처음으로 진단되는 것을 '신경발달장애'라고 한다. 이는 신경계의 발달이 진행되는 형성기 기간에 나타난다. 그중 주의력결핍 과잉행동장애(ADHD)는 과잉행동을 보이면서 충동적이고 부주의한 모습을 보인다. 아동기에 가장 흔한 행동장애이다. 7세 이전에는 보통 ADHD를 진단하지 않지만, 대개 초등학교에 입학하기 전에 증상이 시작된다고 한다. 『DSM-5 임상가를 위한 진단 지침』의 저자 제임스 모리슨의 말이다. 주로 초등 아이들은 ADHD 진단을 병원에서 받아왔고, 나는 DSM-5를 참조하고 아이의 행동을 관찰하며 원인을 찾았다.

인간의 뇌는 크게 세 부분으로 이루어져 있다. 첫째는 뇌의 가장 아래쪽에 있는 뇌간과 소뇌다. 이를 '파충류 뇌'라고 하며 생존 본능을 위한 행동을 자극한다. 생명 유지에 필요한 신체 기능을 조절한다. 이는 심장 박동, 호흡, 배변, 배뇨, 기침, 배고픔, 소화, 움직임, 자세, 균형 등을 담당한다.

두 번째는 뇌의 가운데 위치한 대뇌변연계의 감정뇌다. 이를 '포유류 뇌'라고 하며 침팬지와 다른 포유류들의 뇌 구조와 유사하다. 대표적으로 중요한 편도체와 해마는 정서 조절의 감정과 기억을 담당한다. 돌봄과 보살핌, 사회적 유대, 놀이, 모험 충동, 분노, 두려움, 분리불안, 공포학습, 공포기억(트라우마) 등 감정과 욕구를 활성화한다.

세 번째는 뇌의 바깥쪽에 위치한 신피질 영역의 전두엽이다. 이를 '영장류의 뇌', '이성의 뇌'라고 하며 뇌에서 가장 진화했다. 이는 수많은 기억을 저장하고 관리한다. 창의성과 상상력, 문제 해결, 추론과 반성, 자각, 친절, 감정 이입, 관심 등의 기능과 역할을 한다.

나는 문제행동으로 진단받은 아이를 '낙인찍힌 아이'로 이해하고 있다. 한번 낙인이 찍히면 부정적 경험이 삶에 영향을 미친다. 트라우마로 인해 살아가면서 오랫동안 불안을 느끼고 자신감을 상실해간다. 이러한 문제행동은 브레인에 있다. 뇌가 완전하게 발달하기 전에 뇌가 손상되면 아이의 문제행동이 발생한다. 아이 행동의 원인을 찾아 해결하면 회복이 빠르고 아이의 행동이 이해된다. 그래서 아이 행동의 원인을 찾는 것이 가장 중요하다.

부모는 아이에게 나타난 문제행동을 보고 진단을 받는다. 아이의 감정과 행동을 이해하기보다 문제행동을 없애려는 데 마음이 조급하다. 행동의 결과를 문제로 보며 진단받는 경우가 많았다. 나는 아이의 행동을 문제행동이라고 판단하는 것보다 원인을 찾아보려는 노력이 필요하다고 생각한다. 분명히 아이가 하는 행동에는 원인이 있기 때문이다. 그리고 그 행동의 원인은 아직 완전하게 발달하지 않은 브레인에 있기 때문이다. 완전하게 발달하지 않은 뇌가 상처를 받게 되는 경우이다. 아이의 브레인이 발달하고 있는 과정에 학습을 강요하거나 감정을 통제하면 아이의 뇌는 상처를 받는다. 그리고 아이의 호기심과 문제행동은 분명히 구분되어야 한다.

나는 몇 년 전에 새 학기가 시작되고 3월 중순쯤 소개받은 아이의 집으로 방문한 적이 있었다. 내가 만난 아이는 초등학교 3학년 진성이다. 진성이는 초등학교 1학년 2학기 때 병원에서 ADHD 판정을 받았다. 약물과 놀이치료를 병행하고 있었다. 1년 동안 여러 치료기관을 다녔지만 3개월을 넘기지 못했다고 한다. 최근에 다녔던 놀이치료 센터에 한 달쯤 다니다 그만뒀다. 어머니께서 너무 답답해하고 있을 때 지인에게 나를 소개받았다. 집에서 만난 진성이는 얌전해 보였다. 진성이가 치료실에 적응이 어려웠던 이유는 난폭한 언행 때문이었다. 치료 선생님께 욕설하고, 거친 행동이 심해져서 치료실을 그만두는 경우였다. 어머니와 집에서 가끔 크게 싸울 때가 있는데 그런 경우는 학교에서 친구와 문제가 생겼을 경우이다. 학교에서 진성이는 왕따다. 친구들과 어울리지 못했고, 가끔 친구와 크게 싸운다. 그럴 때는 학교에 가지 않겠다고 소리를 질러서 어머니와 싸운다고 했다. 나는 그동안 진성이가 학교에서 친구들과 소통하려고 힘겹게 버텨오느라 고생한 마음이 느껴졌다. 집에서 만난 진성이는 씩씩하고 말도 잘했다. 나는 진성이와 미술치료를 시작하기로 했다. 그리고 독서와 공부에 흥미를 갖게 하는 것이 목표였다.

진성이와 미술치료를 하기 전에 수업 내용을 설명해줬다. 미술치료를 하고 책을 함께 읽기로 약속했다. 진성이는 알겠다며 건성으로 대답하는 모습이었다. 나는 미술치료로 만들기를 끝내고 약속대로 책 읽기를 하자고 했다. 진성이는 처음 약속과 다른 대답을 했다.

"에이씨! 안 할 거야!"
"내가 읽어줄게! 그럼 나 혼자 읽을게."
"…."

책을 함께 읽자고 하니 욕을 했다. 그래서 나는 아무렇지도 않은 듯 함께 읽으려는 책은 놔두고 내 책을 가방에서 꺼내 소리 내어 읽었다. 그 모습을 본 진성이는 슬며시 내 곁으로 온다. "함께 읽을까?"라고 물어보면 "아니."라고 대답한다. 그러면 나는 다시 혼자서 책을 읽었다. 내가 책을 읽고 있으니 진성이는 바닥에 누워서 듣고 있다. 얌전하고 조용했다. 내가 읽은 책은 한상복 저자의 『배려』였다. 그의 책 목차 중 2장 즐거움의 조건에서 '마음을 움직이는 힘'을 읽었다. 나는 책을 읽으면서 진성이의 태도가 궁금했다.

"상무님도 참, 제가 1팀에 온 지 겨우 한 달인데 아는 게 있어야 재주를 부리죠. 제가 아니라니까요."
"좋아, 좋아. 하여간 열심히 하라고, 나는 자네한테 거는 기대가 크니까."

진성이는 방바닥에 누워 내가 읽어주는 책의 내용을 듣고 혼자 웃었다. 나는 속으로 '알아듣고 웃었을까?'라는 궁금증이 있었지만 묻지 않고 모르는 척하며 계속 책을 읽었다. 그 목차까지만 읽고 나는 책을 덮었다. 그랬더니 이번에는 진성이가 "더 읽으라고!"라며 소리쳤다. 내가 그만 읽고 싶다고 했더니 방바닥에서 발을 동동 구르며 소리쳤다. 나는 "미안해. 진성아! 오늘은 여기까지만 하자!"라며 일어섰다. 진성이는 소리치다 말고 얼른 일어나서 따라 나온다. 어머니께서 선생님 가신다며 인사하라고 하니 뾰로통해져서 퉁명스럽게 "안녕히 가세요."라고 인사한다. 그러고는 소리치며 운다. 어머니는 무슨 일이 있었냐며 걱정스러운 표정으로 물었다. 나는 괜찮으니 그냥 놔두면 된다고 하고 집을 나왔다. 내가 떠나고 어머니께서 진성이 방문을 열어보니 진성이가 책상에 앉아 책을 보고 있다며 연락이 왔다. 나는 그 책을 책상에 올려놓고 왔었다.

진성이와는 매주 1회씩 6개월 동안 만났다. 진성이는 학교 적응을 잘하고 있다. 친구도 생겼고 다니던 학원도 잘 다녔다. 진성이는 예전보다 훨씬 씩씩해졌다. 나는 어머니와 진성이를 만나는 것만큼 어머니를 만났다. 어머니의 개인 상담을 주 1회씩 함께 진행했다. 어머니 상담을 하면서 진성이 여동생 7살 진희 이야기를 들었다. 진희는 순응적이었는데 최근에 갈수록 고집을 부리고 소리쳐서 어머니와 함께 만났다. 어머니께는 진희에 대한 양육 코칭을 따로 해줬다. 그리고 가족 상담도 진행했다. 가족이 한자리에 모여 대화하면서 소통할 수 있도록 코칭해줬다. 어머니는 진성이를 위해 적극적인 자세로 동참하고 미션 수행도 잘했다. 어머니는 개인 상담을 통해 자신의 아픔 때문에 아들을 품어주지 못했음을 이해하게 되었다고 했다.

내가 만났던 부모 중 아들의 문제를 가장 적극적으로 해결하려고 했던 부모로 기억에 남아 있다. 아버지도 책을 보면서 고민했던 부분을 나에게 질문하고 토론하기도 했다. 어머니는 아이들의 양육 방법에 대해 자주 묻고 체크했다. 내가 미션을 줬을 때도 부모는 적극적으로 참여했다. 부모는 "아이의 문제를 가족이 함께 해결해야 한다는 것을 알게 되었다." 라고 했다. 나는 진성이 부모에게 "진성이 행동으로 가족이 더 행복하게 살게 되었으니, 진성이에게 감사함을 표현해 주세요!"라고 말했다. 내가 오랫동안 기쁨과 보람을 느꼈던 사례이다.

부모는 아이에게 긍정적 언어 표현과 행복한 집안 분위기를 만들도록 노력해야 한다. 따뜻하고 엄격함으로 자녀 교육은 일관성이 중요하다. 아이의 마음에 부모의 따뜻한 사랑이 가득할 때 자기를 긍정적으로 보게 되며 자아존중감이 높아진다. 아이의 정서적 안정은 부모의 긍정적 마인드와 사랑의 표현에서 비롯된다.

이제 아이 행동에서 브레인 발달의 행동 특성을 파악해보자. 그러면 아이의 행동에는 원인이 있음을 알게 된다.

• <브레인 독서법> 핵심 포인트

아이의 행동에는 원인이 있다

아이의 브레인이 발달하고 있는 과정에 학습을 강요하거나 감정을 통제하면 아이의 뇌는 상처를 받는다. 아이 행동에서 브레인 발달의 행동 특성을 파악해서 원인을 찾아야 한다. 아이의 정서적 안정은 부모의 긍정적 마인드와 사랑의 표현에서 비롯된다.

2

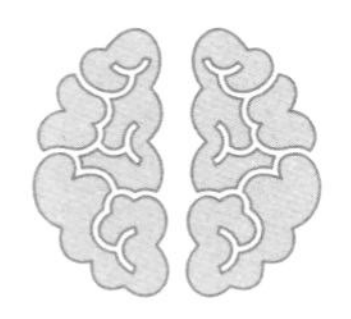

내 아이의 성향에 맞는 책을 골라라

'착한 아이 증후군'은 아이가 스스로 '나는 착해야 한다.'라고 생각하고 행동하는 것을 말한다. 자신의 감정은 무시하고 주변에서 원하는 대로 말하고 행동한다. 타인의 기대감으로 거절하거나 짜증을 내지 못한다. 겉으로 보기에는 아무런 문제가 없는 듯 보일 수 있다.

심리적으로 감정을 해소하지 못해 마음의 병이 생겨 강박 성향이 되기도 한다. 거절이나 부정적인 말과 행동은 안 된다고 생각한다. 지나치게 부모의 눈치를 보거나 자신감이 없기도 하다. 자기 주장을 표현 못 해서 두통, 복통 등 신체적 증상이 나타나기도 한다.

"엄마, 배가 아파요."

"응, 화장실 가."

"아니, 학교에서 배가 아파요".

아들은 초등학교 3학년이 된 어느 날 학교에서 대변으로 배가 아파도 화장실을 못 가고 참았다고 말했다. 화장실에 아이들이 있어서 똥이 안 나온다고 했다. 아침부터 배가 아프면 온종일 참았다가 집에 와서 해결했다고 한다. 아들은 학교생활에 긴장감이 높았지만 표현하지 않았다. 초등 1학년 때부터 학교에서 대변을 본 적이 없다고 한다. 그때 '아들이 얼마나 초조하고 불안했을까.'라는 생각에 마음이 아프고 눈물이 났다. 아들의 사정도 헤아리지 못한 무심한 엄마였다는 생각에 미안한 마음이 들었다. 그래서 나는 아들의 마음을 헤아려주려고 했다.

"배가 아프면 집에까지 참고 왔어요."

"그랬구나, 많이 불안하고 힘들었겠네."

"네. 아침부터 배가 아플 땐 힘들었어요."

"고생했네. 아들(머리를 쓰다듬어 준다), 미안해, 엄마는 몰랐네."

"그런데 요즘 배가 자주 아파요."

나는 용기내서 말해준 아들을 격려했다. "배가 아프면 수업시간에 손을 들고 조용히 화장실에 가는 건 어때?"라고 물었다. "수업시간에는 화장실에 아무도 없으니 시원하게 볼일을 볼 수 있잖아!"라며 배가 아프면 참지 말고 수업시간에 손을 들면 된다고 했다. 나는 "선생님께서도 이해해주실 거야."라고 했다. 아들은 수업시간에 화장실에 혼자 가는 것은 싫다고 했다. 아이들에게 놀림 받을 것 같다고 했다. 그러면 엄마가 선생님께 말씀드려준다고 했다. "아들이 수업시간에 손을 들면 조용히 화장실을 갈 수 있게 선생님과 눈만 마주쳐주면 어떨까?"라고 했다. 아들은 잠시 고민하더니 해보겠다고 했고, 그 뒤로는 학교에서 배가 아파도 불안해하지 않았다. 아들은 엄마의 말을 잘 듣는 착한 아이였다.

아들은 초등학교 학년이 올라갈수록 표현이 적고 조용해졌다. 어릴 때부터 순응적인 아이라 크게 혼낼 일도 없었다. 말썽을 피우거나 충동적인 행동이 없었다. 학교에 안 간다고 한 적도 없이 잘 다녔다. 어릴 때부터 경어를 사용하고 말투도 예뻤다. 나는 아들이 '착한 아이 증후군'이 아닌가 하는 생각이 들었다. 매사 자신감이 없고 친구들에게 맞으면 어떻게 할까 걱정이 되기도 했다. 유치원 때는 친구랑 놀다가 눈 밑에 푹 패인 손톱 흉터까지 얻었다. 그때도 친구에게 아무런 말을 못 했다. 나는 그때 속이 터졌었던 기억이 불현듯 떠올랐다. 아들을 강하게 키워야겠다는 생각이 들었다. 그래서 나는 위인전을 용감했던 장군들만 골라서 읽어줬다. 『광개토 대왕』, 『이성계』, 『이순신 장군』, 『강감찬』, 『을지문덕』,

『계백 장군』 등을 읽어주면서 씩씩함과 용맹함을 강조했다. 그중 아들은 『이순신 장군』을 좋아해서 많이 읽어줬던 기억이 난다.

아들은 좌뇌 성향으로 우뇌를 발달시켜 활성화해야 하는 아이다. 하지만 유아, 초등 저학년 때 읽은 독서로 어려움을 겪은 아들은 이해력이 낮았다. 나는 아들에게 책을 다시 읽어주면서 이해력을 높여주려고 했지만, 아들에게 맞는 독서와 어휘력 높이는 독서 활동을 찾지 못했다. 아들이 즐거운 독서 습관으로 이어지지 못한 것은 엄마인 내가 아들의 성향을 제대로 파악하지 못했기 때문이다. 이는 아들에게 진심으로 미안한 일이었다.

초등학교 2학년인 민석이는 책을 싫어했다. 민석이는 고집이 세고 자기가 원하는 대로 안 되면 짜증을 내면서 울먹거렸다. 민석이는 2년 전 사시 수술을 했고 시신경이 약했다. 민석이는 짜증이 많고 신경질을 부리며 민감하고 예민한 아이였다.

"민석아, 책 읽기 할까?"
"책! 싫은데요."
"민석이 한 줄, 선생님 한 줄 이렇게 읽을까?"
"…."

나는 민석이에게 동화책을 들고 말했다. 민석이는 책을 읽자고 하면 항상 싫다고 대답한다. 그러나 막상 책 읽기를 하면 제법 잘 읽는다. 나와 교대로 문장을 한 줄씩 다 읽었다. 민석이는 책 읽기에 신경이 쓰이는 것 같은 눈치다. 오늘 읽은 책은 '국시꼬랭이 동네' 시리즈 중 하나인 『쌈닭』이다.

"민석아, 『쌈닭』 너무 재미있지?"
"글쎄요."
"민석이는 쌈닭 본 적 있니?"
"아니요, 그런 닭은 없어요."
"민석아, 『쌈닭』에서 누가 이겼지?"
"장돌이요."
"그래, 장돌이와 대장닭이 싸워서 장돌이가 이겼지?"
"네, 장돌이가 이겼어요."

나는 민석이와 책 읽기를 한 후 책 내용에 대해 이야기를 나눴다. 나는 민석이에게 "춘삼이가 장돌이를 열심히 훈련시켰잖아. 그래서 결국 달석이네 대장닭을 이겼지."라고 말했다. 민석이는 "네, 미꾸라지 먹고 힘이 났어요."라고 말한다. 나는 민석이에게 "민석아! 선생님은 우리 민석이도 책 읽기를 열심히 훈련하다 보면 '장돌이가 대장닭을 이긴 것처럼' 민석이가 책을 잘 읽고, 책을 좋아하는 날이 올 거라고 믿는다."라고 말했다. 민석이는 고개를 끄덕이며 "네."라고 대답했다.

나는 민석이가 책도 잘 읽고, 뭐든지 잘하고 싶어 하는 마음을 알고 있다. 그러나 민석이는 시신경이 약해서 잘 지친다. 그래서 오래 집중해야 할 땐 짜증을 내는 경우가 많다. 나는 민석이와 책을 읽고 질문을 하면서 대화를 나눈다. 그런 후 민석이에게 좋아하는 책을 골라서 한 권 더 읽어준다. 낭독은 훨씬 편안하게 들으면서 말도 더 잘하는 모습이다.

아이는 성장하면서 다른 모습으로 보일 때가 있다. 가정의 분위기, 부모의 자세와 무의식적 행동, 태도에 따라 아이들은 변화하며 성장한다. 부모는 아이에게 따뜻한 애정과 관심을 표현하며 실수에 대해서 배울 점이 있다고 격려해야 한다. 가정에서 실천하는 부모는 아이를 긍정적이고 밝게 자라게 한다. 아이를 이해하고 생각을 파악해서 격려해줘야 한다.

부모와 아이의 신뢰 관계가 유지되면 아이의 브레인 발달은 촉진된다. 아이의 인성 교육은 부모가 스스로 모범을 보이며 아이에 대한 마음가짐에서 비롯된다. 부모는 아이와 독서로 소통하며 아이가 질문에 대한 고민과 깨달음을 얻게 해야 한다. 그 방법은 부모가 아이의 성향을 잘 파악하고 아이에게 맞는 책을 골라주는 것이다.

•<브레인 독서법> 핵심 포인트

내 아이 성향에 맞는 책을 골라라

아이의 인성 교육은 부모가 스스로 모범을 보이며 아이에 대한 마음가짐에서 비롯된다. 부모는 아이와 독서로 소통하며 아이가 질문에 대한 고민과 깨달음을 얻게 해야 한다. 그 방법은 부모가 아이의 성향을 잘 파악해서 아이에게 맞는 책을 골라주는 것이다.

3

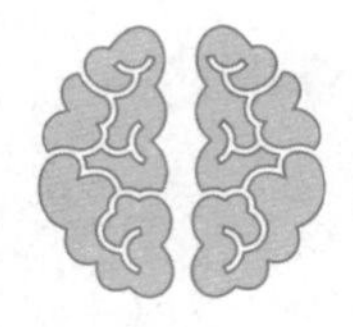

초등 독서 습관은 미래와 이어진다

신사임당은 뛰어난 학식과 천재적 재능의 화가로 조선 제일의 여류화가이다. 그녀는 자기계발을 소홀히 하지 않았다. 그러면서 자녀에게 '입지 교육으로 뜻을 세우면 이루지 못할 게 없다.'를 강조하며 가르쳤다. 4남 3녀의 중 셋째 아들인 율곡은 어려서부터 논리적이고 똑똑했다. 너무 똑똑한 율곡이 자신의 재능을 앞세워 인간관계를 소홀히 하지 않도록 진리와 지혜가 담긴 책을 자주 읽게 했다.

율곡은 조선을 빛낸 최고의 천재 학자이자 정치가이다. 그는 아홉 번의 과거시험을 장원(1등)으로 급제했다. 율곡은 "독서는 죽어서야 끝이 나는 것"이라고 평생 독서를 강조했다. 그가 강조했던 독서법은 기본 독서,

심화 독서, 역사 독서이다. 그가 '독서의 신'이 된 독서 비결이다.

첫째, 한 권을 반복해서 읽고 또 읽는다.

둘째, 책은 천천히 숙독하고 정독해서 읽는다.

셋째, 읽고 생각하고 글(책)을 쓴다.

넷째, 책을 읽으면 토론하고 뜻이 맞는 사람과 공부한다.

부모로서 나의 멘토이자 롤모델은 '신사임당'이다. 그녀는 예술적 재능을 독서와 배움으로 성장시켰다. 그리고 그녀의 성장은 자녀를 훌륭하게 키우는 안목을 지니게 했다. 어릴 때부터 자녀들의 성향을 파악하여 독서와 입지 교육을 가르쳤다. 그녀는 남편의 무능과 가난 속에서도 자녀 교육에 심혈을 기울였다. 강인한 아내이자 다정한 어머니였던 그녀의 태도가 아들을 대학자로 길러냈다. 나는 이런 신사임당의 성품과 지혜를 본받고 싶었다.

자녀 교육은 가정 교육에서 비롯된다고 생각한다. 결혼하고 남편에게 부부 호칭을 '여보'로 바꾸고 경어를 사용하자고 했다. 나는 언어 습관이 삶의 질을 바꾼다고 믿었다. 존중하는 마음은 좋은 언어 습관에서 비롯된다. 남편은 나의 뜻을 받아주고 함께 실천하기로 했다. 우리 부부는 '부모는 아이의 거울이다.'라는 말을 명심하고 결혼 초, 아들을 훌륭하게 잘 키우기로 다짐했다.

나는 아들이 '선한 성품으로 자신의 지식과 지혜를 나누고 사는 삶이 되길 희망했다.' 그래서 나는 아들을 위해 마음에 '희망 씨앗'을 심었다. 희망 씨앗은 첫째는 바르고 선한 인성을 지닌다. 꿈을 갖고 사는 삶은 희망이다. 둘째는 성실과 끈기가 있다. 전문가로 성장하려면 어려운 상황에서도 절대 포기하지 않아야 한다. 셋째는 좋은 벗을 얻는 인간관계이다. 인생은 함께 하는 벗이 있으면 행복하다. 나는 아들이 '희망 씨앗'으로 잘 성장하길 바랐다.

나는 아들의 성장을 지켜보면서 '부모의 나쁜 습관도 닮는다.'라는 것을 알게 되었다. 나는 나의 언행, 삶에 대한 자세와 태도를 점검해보았다. 자녀를 훌륭히 키우려면 명확한 목표가 있어야 했다. 목표 없이 자녀를 키우면 목적지 없이 길을 떠나는 것과 같다고 생각한다. 나도 몰랐던 습관을 아들의 성장을 통해 보는 순간이 많았다. 그중 가장 어려웠던 '독서 습관'은 나를 되돌아보게 하는 계기가 되었다. 나는 일을 위해 독서와 공부를 했고 이는 일을 더 열심히 하는 삶을 살게 했다. 그러나 나의 독서 습관은 아들의 성장 속도를 맞추지 못했다.

나는 아들이 초등 때 독서 습관을 길러주고 싶었다. 다양한 종류의 책을 언제든지 볼 수 있도록 책장 가득 책을 준비했다. 나와 아들은 책을 자주 보았다. 그러나 남편은 혼자 TV를 보았다. 나는 마음 한 켠에 불편함이 있었지만 어떻게 말해야 할지 몰랐다. 거실에서 남편이 TV를 보고 있다.

"여보, TV 꺼주세요."
"왜?"
"찬이한테 책 읽어줘야 해요."
(남편은 TV 볼륨을 낮춘다)

나는 거실에서 아들 방으로 가서 조용히 방문을 닫았다. 아들에게 "아들 책 읽어줄까?"라고 물었다. 아들은 "네."라며 내가 책 읽어주는 것을 거부한 적은 없다. 그때 아들은 초등 3학년이었다. 초등 1, 2학년 때 책을 억지로 읽혔다. 3학년 때 책을 보며 우는 모습에 나는 더 이상 책 읽기를 시키지 않았다. 거실에서 TV를 보고 있는 남편에게 신경이 자꾸만 쓰였다. 나는 아들 교육을 위해 남편과 독서에 대한 소통이 필요함을 느꼈다. 나는 우리 가족이 다 함께 독서하는 모습을 꿈꿨다. 나는 아들의 미래를 위해 남편에게 책 읽기를 권했다. 그리고 남편과 나는 아들에게 밤마다 책 읽기를 번갈아가면서 했다. 아들이 초등 저학년일 때 어떻게든 '독서 습관'을 길러주려고 했다.

그때 아들에게 많이 읽어줬던 책들은 사회, 과학 관련 도서였다. 특히,

아들은 『파브르 곤충이야기』 책을 좋아했다. 아들은 마음이 여리고 자연을 좋아했다. 그중 곤충에 호기심이 많았다. 아들의 호기심을 충족시키기 위해 도서관과 서점을 매주 다녔던 기억이 난다. 내가 그때 아들의 브레인 성장 발달을 이해했더라면 1, 2학년 때 절대 책을 읽히지 않았을 것이다. 엄마가 아들에게 충분히 낭독해주면서 책에 호기심을 갖도록 해줬을 것이다.

아들은 성향이 느긋하고 온순했다. 급하지도 않았고 낙천적이었다. 나는 이런 아들이 제일 좋아하는 것이 책이길 바랐다. 표현이 느리고 서툴렀지만 점점 책을 읽으면서 아들은 표현이 늘기 시작했다. 어휘량이 확실히 늘어났다. 그리고 엄마인 나와 자주 비교하면서 자기 주장을 말했다.

"엄마는 왜 내 책만 봐요? 엄마 책은 없어요?"
"엄마 책?… 엄마도 책 있는데…."

나는 아들의 질문이 갑작스러워서 당황했다. '엄마 책?'이란 말이 낯설었다. 가만히 생각해보니 나는 아들과 책을 볼 때 아들 책만 봤다. 내가 읽는 책은 아들이 자고 난 후였다. 그리고 보니 아들은 내가 책을 읽는지 몰랐을 것 같다는 생각이 들었다. 그리고 밤마다 상담심리 공부를 했었지만 아들은 몰랐다. 나는 아들의 독서 습관이 중요했기에 몰입하고 있었다. 부모에게 없는 독서 습관을 아들에게 만들어주는 것이 큰 어려움이라는 것을 깨달았다.

나는 이제 당당하게 내 책을 보며 독서하고 공부해야겠다고 생각했다. 아들만을 위한 독서와 공부는 그만하기로 했다. 이제 함께 도서관이나 서점을 갈 때도 나는 내 책을 보기로 했다. 그동안 늘 아들 책에만 신경을 썼다. 아들은 나를 보고 성장한다. 이제 나부터 독서 습관과 공부 습관을 기르기로 했다. 이제 나는 내 책을 보고, 아들은 아들 책을 보면서 독서를 즐겁게 한다. 엄마의 독서 습관은 아들의 독서 습관이 된다. 아들의 브레인은 좌뇌 성향으로 우뇌를 활성화해야 하는 아이다. 아들이 초등 1, 2학년 때 받은 스트레스는 브레인을 다치게 했다. 그때는 아들의 브레인 상태를 몰랐다. 3학년 이후부터는 독서 습관이 느리게 형성되고 있었다. 책을 싫어하지 않고 자신의 브레인 속도로 책을 보는 아이가 되었다. 아들의 느린 독서 습관은 미래로 이어진다고 믿었고, 이제 스스로 자기에게 맞는 독서를 한다.

율곡 이이는 왜군이 쳐들어올 것을 예상하고 '10만 양병론'을 주창했었다. 이는 역사책으로 교훈을 얻었고 교양 독서로 역사를 필독했기 때문이라고 한다. 그는 지나간 역사를 보면 미래를 대비할 수도 있다고 했다. 율곡의 독서 습관은 미래를 내다보는 안목을 길러줬다.

이는 브레인이 발달하는 초등 아이에게 독서 습관을 기르면 미래로 이어지게 됨을 보여준다. 이제 아이의 브레인 성향을 파악해서 자기에게 맞는 독서로 독서 습관을 기르게 해야 한다. 그러면 〈브레인 독서법〉은 초등 독서 습관이 미래와 이어지게 된다.

•〈브레인 독서법〉 핵심 포인트

초등 독서 습관은 미래와 이어진다

자녀 교육은 가정 교육에서 비롯되며, 부모는 아이의 거울이다. 이제 초등 아이의 독서 습관은 브레인 성향을 파악해서 자기에게 맞는 독서를 해야 한다. 이는 브레인이 발달하는 초등 아이에게 독서 습관을 기르면 미래로 이어지는 안목을 기를 수 있기 때문이다.

4

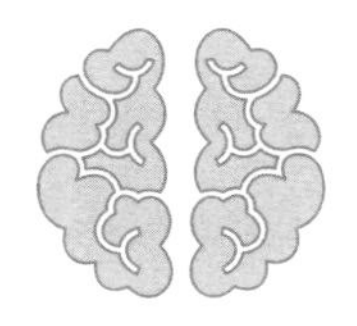

독서하는 뇌는 미래를 창조한다

"책을 읽는다는 것은 많은 경우에 자신의 미래를 만드는 것과 같다."

천재 과학자 발명왕 토머스 에디슨의 말이다. 그는 세계에서 가장 많은 1,093개의 발명을 미국 특허로 등록해놓았다. 어릴 적부터 호기심이 많았던 에디슨은 학교에서 기이한 행동으로 입학한 지 석 달 만에 쫓겨났다. 에디슨은 집에서 어머니께 교육을 받았다. 어머니는 결혼하기 전에 교사였다. 그 후 그는 디트로이트시립도서관의 책을 모두 읽었고, '도서관을 읽은' 일화로 유명하다. 그가 발명왕이 된 비결이다.

"천재는 1%의 영감과 99%의 땀으로 만들어진다."

에디슨은 발명에 많은 노력을 기울였다. 1929년 10월 21일 미국의 포드 박물관에서 '백열 전구 발명 50년의 기념식'이 있는 날, 그는 말했다.

"우리가 이룬 일이 세상에 조금이라도 행복을 가져다줄 수 있다면 그것으로 만족합니다."

학교에서 아이가 문제를 일으키면 선생님, 부모, 아이 모두가 심각해진다. 나는 에디슨 어머니처럼 용감한 자세가 필요하다고 생각한다. 하지만 대부분 아이 문제는 부모 문제가 되기도 하는 사회적 시선도 문제라고 생각한다.

부모는 학교 선생님께 연락을 받고 아이를 데리고 병원이나 상담센터를 다녀오기도 한다. 학교에서는 아이를 문제아 또는 학교 부적응아로 분류하거나 별도의 상담을 받도록 하기도 한다. 몇 번 같은 상황을 반복해서 겪은 아이는 만성처럼 아무런 감정이 없는 듯 무심하게 행동하기도 한다.

나는 이런 상황에 있는 아이를 상담하러 학교에 가거나 센터에서 만나기도 했다. 초등에서 고등까지 문제아로 낙인 찍혀 있는 경우가 대부분이다. 내가 만난 아이들은 대부분 우뇌 성향이 강하게 나타났다. 활동성이 높고, 반항적이고 불만이 있는 말투, 익살스럽고 천연덕스럽다. 엉뚱한 생각과 주관적 감정 표현으로 선생님과 부모님은 골치를 아파한다. 아이의 행동은 산만하고 충동적이다. 자신이 문제를 일으켰다고 생각하지 않는 아이도 있었다. 독서와 공부는 담을 쌓고 사는 경우가 많다.

아이의 브레인 발달이 균형적이지 않아서다. 사고를 치려고 하는지 호기심이 많은지 자세히 살펴봐야 한다. 환경적으로 어려움이 있는 아이도 있다. 문제라는 시각으로 접근하면 해결이 어렵다. 아이의 존재감을 인정해주고, 아이가 원하는 게 무엇인지 경청해야 한다. 강요하거나 소리쳐서 해결될 문제는 아니다. 아이는 설득되지도 않는다. 아이의 존재와 재능을 인정해줘야 아이는 성장한다.

우뇌 성향이 강한 아이의 좌뇌를 발달시키려면 우선 아이와 공감하는 소통이 필요하다. 아이의 상황을 이해하고 주관적 감정 표현을 인정해줘야 한다. 그리고 아이에게 꿈과 희망의 미래가 있음을 가르쳐줘야 한다. 정서적으로 안정이 되면 아이에게 독서를 가르쳐야 한다. 인성 중심의 인문학 독서로 브레인이 손상되지 않도록 도와줘야 한다. 남과 다른 독특함은 독창적이고 뛰어날 수 있음을 인정해야 한다. 아이에게 천재적 재능이 있음을 이해시켜주는 자세가 필요하다.

나는 요즘 '체력 강화 트레이닝'을 코칭 받고 있다. 코치는 31살 미혼 여성으로 멋지고 아름다운 몸매를 소유하고 있다. 그의 이름은 '권미래'이다. 이름처럼 아주 밝고 미래 소녀 인상을 준다. 그녀는 『줌바댄스가 온다』의 저자이다. 그리고 줌바댄스 코치, 멘탈 & 체력 강화 트레이닝 코치, 동기부여 강연가, 칼럼리스트 등 다양한 활동을 왕성하게 하고 있다.

그녀는 '미래'라는 이름답게 새로운 미래를 꿈꾸고 있다. 밝은 성향, 댄스, 작가, 강연가 등 열정적인 모습은 좌뇌를 강화한 창의적인 우뇌 성향이다. 그녀의 다양한 수상 경력도 도전과 열정의 모습이었다. 나는 그녀의 브레인 발달 성향의 배경이 궁금하여 인터뷰를 요청했다.

"미래라는 이름이 이쁘네요. 누가 지어줬어요?"

"아버지께서 '미래(美來)에 아름답게 살아라.'라는 뜻으로 지어줬어요."

그녀의 성장기는 이름만큼 행복한 생활이 아니었다. 그녀는 경북 의성에서 태어났다. 그녀가 태어나고 어머니는 집을 나갔다. 할머니께서 돌봐주셨고, 아버지는 출장으로 얼굴 보기도 어려웠다고 한다. 그녀는 평소 불안이 높고 인정받으려고 늘 노력하며 살았다. 중학교 때 반항으로 친구들하고 놀기만 했다. 그러다 고등학교 때는 대학 가려고 열심히 공부했다고 한다. 경기도 성남시에 있는 신구대학교 관광영어과에 입학했다. 23살 때부터 치어리더로 활동했었고, 25살 때 줌바댄스를 만났다.

그 이후 각종 대회에서 수상하게 되었다.

그녀의 심리 상태는 불안정 애착으로 불안이 높고, 열등감, 자기 비하, 우울증 등으로 자존감이 낮았다. 그동안 심리적 고통을 겪었음에도 늘 밝은 표정의 그녀는 자신의 잠재력을 찾은 것으로 보였다. 그녀 역시 '줌바댄스'가 자신의 운명이라고 말하며, 행복하게 살고 있다고 말했다.

그녀는 성장하면서 친구가 되어준 것이 책이었다. 특히, 위인전을 좋아해서 많이 읽었다. 그중 유관순, 신사임당을 가장 좋아했다. 책은 소중한 친구 같은 존재였다. 고등학교 때 큰아버지께서 권해준 로버트 키요사키의 『부자 아빠 가난한 아빠』로 교내 백일장에서 금상을 받았다. 그때 나의 재능을 인정받았다는 생각에 행복했다고 회상했다. 그리고 몇 년 전 감명 깊게 읽은 이지성의 『꿈꾸는 다락방』은 잠재의식과 상상력에 관한 내용이다. 그 책 내용대로 실천했는데 모두 이루어졌다고 한다. 그녀는 독서로 힘들고 지친 상황을 극복할 수 있었다고 말했다. 그녀는 꼭 하고 싶은 버킷리스트가 있다. "롤모델인 영화배우 '스칼렛 요한슨'처럼 영화에 출현하는 것이다."라고 했다. 나는 그녀의 삶과 도전을 응원했다.

그녀의 활짝 웃는 모습이 아직도 떠오른다. 밝은 성격에 목소리도 컸다. 호탕한 웃음, 적극적인 자세, 강한 지적 탐구, 긍정적인 마인드, 정신적인 의식 확장, 유연한 신체 등 그녀의 수식어는 무한정으로 보인다. 그녀는 매사 열정적이고 도전적인 모습이었다. 처음 만나서 얘기를 나눌 때는 어떤 성향인지 파악하기 어려웠다. 그녀와 몇 번 만나면서 대화를 나누고 인터뷰를 하면서 알게 되었다. 그녀는 어릴 적 우뇌 성향이 강했다. 그런데 독서 습관으로 좌뇌를 잘 발달시켜 활성화되었다. 지금도 의식 확장 도서를 읽고 있다고 했다.

그녀는 타고난 강한 우뇌 성향이었다. 청소년기에 방황을 했지만 잘 극복했다. 현재 그녀는 독서 습관으로 좌뇌를 강하게 발달시켜 좌우뇌가 활성화되고 있는 모습이다. 이는 곧 창조성이 발현되고 천재적 재능으로 미래가 희망적인 모습이다. 그녀는 이름 '미래'처럼 미래가 눈부실 것으로 보인다.

『창의성의 즐거움 : 창의적 인간은 어떻게 만들어지는가?』의 저자 칙센트 미하이는 창의성을 이렇게 말한다.

"창의성은 인간의 삶에 있어 대단히 중요한 의미를 갖는다. 창의성이야말로 인간을 가장 인간답게 만드는 가장 근본적인 원인이기 때문이다. 창의성이란 문화 속에서 어떤 상징 영역을 변화시키는 과정을 의미한다. 새로운 노래, 새로운 사고, 새로운 기계는 창의성에서 만들어진다."

창의성은 시대와 문화 속에서 변화한다. 새로운 개념, 새로운 상징 영역을 변화시킨다. 새로운 것은 우리의 미래이고 불확실하다. 우리는 독서하는 브레인으로 불확실한 미래에 도전해야 한다. 그러면 창조적인 브레인으로 준비를 하게 될 것이다. 인터뷰했던 '권미래 코치'처럼 미래는 새로운 희망이 될 것이다. 브레인은 창조하기 위해 준비가 필요하고 그 기간 동안 독서를 해야 한다. 독서는 무분별하게 하는 난독보다 〈브레인 독서〉로 브레인 성향을 파악한 후 자신에게 맞는 독서를 해야 한다. 아이가 초등 시기에 독서 습관이 형성되면 브레인은 창조하는 힘이 생기게 될 것이다. 이 아이는 새로운 미래에 도전하고 싶어질 것이다. 꿈이 있는 아이는 미래를 꿈꾸고 도전하게 된다. 독서하는 브레인은 미래를 창조하게 될 것이다.

•〈브레인 독서법〉 핵심 포인트

독서하는 뇌는 미래를 창조한다

토머스 에디슨은 "책을 읽는다는 것은 많은 경우에 자신의 미래를 만드는 것과 같다."라고 했다. 천재적 재능을 타고난 강한 우뇌 성향이 독서 습관으로 좌뇌를 강하게 발달시키면 창조성이 발현된다. 독서하는 브레인은 미래를 창조하게 될 것이다.

5

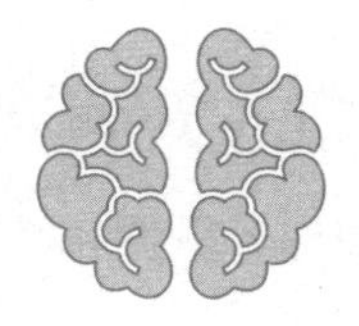

미래는 내 아이에게 맞는 뇌 교육에서 온다

"나는 사업 구상에 많은 시간을 쏟아붓는 편이다. 그만큼 내가 하는 일이 재미있기 때문이다. 나는 내가 택한 길을 고수했으며, 안개가 걷히면 그것이 우리가 원했던 바로 그 길이었음이 드러날 것이라고 믿었다. 지금은 그때보다 더 불확실한 요인이 많지만, 내 느낌은 그때와 크게 다르지 않다. 피를 말리는 긴장의 순간도 있지만 그만큼 즐겁기도 하다."

『빌 게이츠의 미래로 가는 길』의 저자 빌 게이츠의 말이다. 그는 마이크로소프트의 '윈도우95' 출시를 앞두고 이 책을 썼다. 책은 미래 여행의 안내서 역할을 해주었으면 좋겠다는 희망을 품고 있다. 그는 "나의 책이 앞으로 10년 안에 반드시 눈앞의 현실로 다가올 모든 것을 미리 이해하고 논의했다. 또 거기에 창조적인 사고를 덧붙이는 자극제 역할을 하게 된다."라고 했다. 그가 말했던 미래는 모두 현실이 되었다. 이제 개인용 컴퓨터에는 그가 개발한 '윈도우' 운영체제가 기본적으로 설치되어 있다. 프로그램 비용을 지급하는 것은 당연하게 되었다. 그의 미래 예측은 정확했다. 현재 그는 컴퓨터 제국의 제왕이 되었다.

나는 1991년 고2 때 처음 컴퓨터를 배웠다. 나는 컴퓨터가 미래를 변화시킬 것이라는 생각이 들었다. 강한 호기심을 느끼고 워드프로세서 자격증을 취득했다. 그리고 컴퓨터를 더 공부하고 싶어서 프로그램들을 배웠다. 그때 내가 가장 부러워했던 사람은 '빌 게이츠'와 '안철수'였다. 그들의 컴퓨터 능력과 미래를 보는 안목이 정말 부러웠다. 나는 1995년에 '삼성컴퓨터 대리점'에서 경리사원으로 일을 했었다. 그때 신제품으로 나온 '삼성매직스테이션' 컴퓨터를 보았다. 그 컴퓨터에는 새로운 운영체제 '윈도우95'가 설치되어 있었다. 나는 컴퓨터에 설치된 윈도우를 처음 보게 되었다. 윈도우를 경험하고 컴퓨터를 쉽게 할 수 있음에 감탄했다.

"우와! 윈도우 95다!"

나는 컴퓨터가 대중화될 것이라고 예감했다. 컴퓨터를 쉽게 할 수 있다는 편리성에 매료되었다. 나는 함께 일했던 컴퓨터 전문가에게 윈도우 95를 배웠다. 쉽고 간단했다. 나는 컴퓨터를 쉽게 할 수 있도록 고객들에게 알려주었다. 고객들이 컴퓨터를 쉽게 사용하게 되면서 컴퓨터 판매가 자연스럽게 이루어졌다. 나는 고객들에게 신뢰감을 줬고 컴퓨터 판매는 급증했다. 그때 삼성전자로부터 우수 대리점상과 친절 우수사원 1위로 상패와 상금 100만 원을 받았다. 그리고 컴퓨터 운영체제(윈도우95)에 대한 수업도 했었다. 나는 빌 게이츠의 윈도우를 공부하면서 미래에는 다양한 멀티소프트웨어가 보편화될 것 같았다. 지금은 컴퓨터가 보편화되었고 다양한 용도로 사용되고 있다. 미래는 빌게이츠가 생각한 대로 이루어졌다.

"의대에 가서 기계를 좋아하니 실험하고 결과를 측정하는 것을 하고 싶었어요. 남들이 흔히 가지 않는 길을 가는 것도 흥미롭겠다 싶었고 계속 연구해서 노벨의학상에 도전해보자는 꿈도 가졌었죠. 그때나 지금이나 의대로 진학하는 학생들이 일반적으로 가지 않는 길이었습니다."

– 〈월간조선〉, 2017년 5월호, "안철수 전기 – 55개 장면으로 본 그의 55년 인생 중".

그는 서울대 의과대학에서 학사, 석사를 마치고 서울대 의학 박사 학위를 마쳤다. 이후 펜실베이니아대학교에서 공학 석사, 경영학 석사를 공부했다. 그는 의대를 가서 의학 공부를 마치고 교수가 되었다. 하지만 의학 공부를 하면서 개발한 컴퓨터 백신으로 '안철수컴퓨터바이러스연구소'를 설립하고 CEO가 되었다. 그때 'V3+'를 발표하고 '윈도우95'의 공식 백신으로 지정이 되었다. 그는 남과 다른 길을 선택하는 데 두려움이 없었다. 그리고 미래의 새로운 변화에 흔들림이 없는 모습이었다. 현재 회사명은 '안랩'이고, 백신 소프트웨어 개발과 인터넷 보안시스템으로 세계적 수준의 보안 기술력을 보유하고 있다.

나는 사람들에게 컴퓨터의 편리함을 말했지만, 그만큼 한번 고장이 나면 막막함도 있었다. 컴퓨터가 윈도우로 사용이 편리한 만큼 바이러스도 쉽게 침투되어 컴퓨터가 빠르게 망가졌다. 함께 일했던 컴퓨터 전문가는 바이러스 백신(V3)으로 해결이 될 수도, 안 될 수도 있다고 했다. 내가 아무리 컴퓨터를 잘해도 컴퓨터가 고장 나면 해결할 수 없음에 좌절했다. 이때 함께 고민하며 대화했던 컴퓨터 전문가는 지금의 남편이다. 우리는 컴퓨터 공부를 함께했다. 그는 컴퓨터의 가능성을 나에게 보여줬다. 우리는 함께 미래를 꿈꿨다. 나는 우리의 인연이 그때 빌 게이츠와 안철수라는 생각이 들었다.

컴퓨터로 미래를 예측한 그들을 보며 나는 사람을 생각한다. 미래의 중심은 사람이라고 생각한다. 그리고 우리에게는 브레인이 있다. 브레인의 힘을 길러 미래 인공지능 시대를 대처해갈 수 있다고 믿는다.

시대는 급변하고 컴퓨터 속도와 기능은 나날이 가속화되고 있다. 나는 전두엽이 강해지는 비결은 독서뿐이라고 생각한다. 사람에게만 있는 전두엽의 기능 특성은 모두 다르게 나타난다. '전두엽을 독서로 어떻게 강하게 할 수 있을까?'에 대해 고민했다. 그래서 개발한 방법이 〈브레인 독서법〉이다. 우선 사람마다 다른 뇌 발달을 이해하고 자신에게 맞는 독서법을 찾으면 전두엽은 강해지게 된다.

미래는 인공지능 시대다. 부모가 이를 먼저 이해하고 아이를 창의적인 사람이 되도록 성장시켜야 한다. 미래에는 전두엽이 강하게 활동하는, 창의적인 사람이 성공한다. 나는 성공한 빌 게이츠와 안철수를 통해 〈브레인 독서법〉의 브레인 성향을 파악해보았다. 이는 아이를 위해 미래를 대비하는 부모에게 도움이 될 것이라 믿는다.

빌 게이츠는 어릴 때 고집이 세고, 호기심이 강하며, 경쟁에서 절대 지지 않았다고 한다. 부모에게 고집을 부리고 지지 않는 성격으로 정신과도 갔었다. 의사는 "어머니는 빌 게이츠에게 지게 될 것이다."라고 말했다. 통제가 안 되고 부모 속을 썩이는 고집불통이었다. 그가 백과사전을 포기하지 않고 5년 동안 끝까지 읽게 된 것은 경쟁심이 강한 성격 때문이다. 그 백과사전의 지식과 호기심은 동네 도서관에 있는 책을 모두 읽고 독서광이 되게 했다. 이는 강한 우뇌 성향에 좌뇌를 강하게 발달시켜 뉴런을 활성화했다. 그는 좌우뇌의 강한 전두엽으로 컴퓨터 제국의 제왕이 될 수 있었다.

안철수는 어릴 때 꽃을 좋아했고, 꽃과 동물을 잘 키웠다. 그리고 기계를 분해하여 재조립하는 것을 즐겼다. 그는 조용하고 온화한 성향으로 혼자 노는 것을 좋아했다. 그는 초등학교 때 친구들에게 따돌림을 당했다. 그래서 그는 학교 도서관에서 혼자 책을 보게 되었고, 초6 때 도서관 책 3,000권을 모두 읽게 되었다. 이는 좌뇌 성향으로 좌뇌를 더욱 강하게 발달시켰다. 의학 공부를 하면서 개발한 백신프로그램(V3+)으로 창업을 했다. 그는 강한 좌뇌로 자신이 좋아하는 컴퓨터 프로그램을 혼자서 개발했다. 그리고 의과 교수를 포기하고 자신이 좋아하는 백신 제작에 모든 것을 바쳤다. 그는 강한 좌뇌 성향으로 자기가 좋아하는 컴퓨터 백신 프로그램 만들고 사업하면서 우뇌는 강하게 활성화되는 것으로 보인다. 그는 잠재력을 발현하고 창조적인 사람으로 살아가는 모습으로 보인다.

『창조성의 비밀 : 번뜩이는 생각들은 도대체 어디서 오는 걸까?』의 저자 모기 겐이치로이는 뇌 과학자이다. 그는 번뜩이는 것이 바로 창의성이라고 했다. 번뜩임은 '충분한 학습량이 있어야 일어난다.'고 한다. 머리 좋은 사람이 아무런 정보도 없이 어느 날 갑자기 뚝딱하고 만들어낼 수 있는 게 아니다. 창의성도 정보의 양이 먼저 충분해야 한다.

어느 분야든 창의적인 결과물을 내려면 10년 이상 학습에 몰입하여 집대성해야 한다. 창의성은 공부의 양에 비례한다. 일단 정보량이 임계치를 넘어야 한다. 임계치를 넘으면 정보는 질로 바뀐다. 창의성은 어디서 갑자기 툭 떨어져서 생겨나는 것이 아니다. 쌓인 정보에서 편집이 일어나고 새로운 정보가 더해지는 과정에서 새로운 문제에 대한 해답을 내는 것이 바로 '창의성'이다. 창의성은 최소 10년의 독서와 공부로 몰입해야 한다.

빌 게이츠와 안철수는 엄청난 독서와 공부로 잠재력과 창의성을 발현시켰다. 이러한 독서량은 전두엽이 발달하는 시기에 이루어져야 한다. 이제 전두엽이 발달하는 초등 시기에 독서는 아이의 미래가 된다. 아이에게 맞는 뇌 교육은 〈브레인 독서법〉으로 해야 한다. 이는 아이의 브레인 성향을 파악하여 자기에게 맞는 독서를 할 수 있기 때문이다.

• 〈브레인 독서법〉 핵심 포인트

미래는 내 아이에게 맞는 뇌 교육에서 온다

미래는 인공지능 시대다. 미국의 빌 게이츠와 우리나라의 안철수는 잠재력을 발현하여 창조적인 사람으로 살아가고 있다. 그들은 어린 시절에 다독을 통해 전두엽을 활성화하였다. 이제 아이에게 맞는 뇌 교육은 〈브레인 독서법〉으로 해야 한다. 미래에는 전두엽이 강하게 활동하는 창의적인 사람이 성공한다.

6

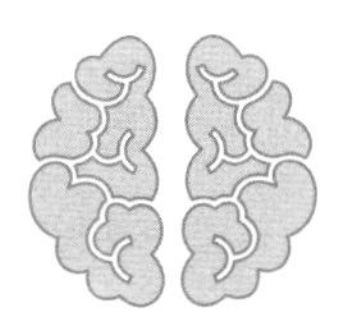

아이의 미래를 위해 부모가 먼저 해야 할 일

"자식을 기르는 부모야말로 미래를 돌보는 사람이라는 것을 가슴속 깊이 새겨야 한다. 자식들이 조금씩 나아짐으로써 인류와 이 세계의 미래는 조금씩 진보하기 때문이다."

칸트는 빠르게 변화하고 발전하는 미래를 이끌어가는 사람이 아이라는 것을 명심해야 한다고 말하고 있다. 그래서 부모는 아이의 미래를 위해 사명감을 가져야 한다.

"엄마는 세상에서 제일 포근하고 따뜻해! 언제나 나를 믿어주고 용기를 줘!"

내가 아들에게 전해주고 싶은 나의 마음이다. 그래서 화내지 않으려고 노력했다. 초등생인 아들에게 화를 내고 사과하기를 반복했었다. 그러면서 다짐하고 성찰하는 시간을 가지면서 아들에 대한 나의 마음이 온전히 전해질 수 있는 훈련을 했다. 아들을 이해하려고 시작했던 심리 공부는 나를 이해하게 되는 계기가 되었다.

아들을 향해 있었던 나의 모든 생각과 마음들이 온전히 나에게 향하도록 하는 데 10년이 넘게 걸렸다. 그동안 수없이 반복하면서 아들에게 변화하고 성장하는 나의 모습을 보여줬다. 고난이 닥쳐도 감정을 드러내지 않고 대화하는 모습과 위기가 와도 침착하게 대처하는 모습을 보여주려고 했다. 나는 지금도 아들에게 늘 상냥하고 친절하게 대하려고 노력하는 중이다.

"Genius 아들."

"응."

작년부터 아들에게 별명처럼 부른다. 아들이 창의적 잠재력을 발현할 수 있도록 격려해주고 있다. 아들은 생각을 목적이 분명할 때 외에는 잘 표현하지 않는다. 조용하고 묵묵히 자기의 일을 스스로 잘한다. 크게 감정적이지 않으며 친구들과 관계를 잘 맺으며 생활한다. 나는 아들을 보면서 나를 보는 훈련을 12년째 하고 있다. 아들에게 온전히 사랑하는 마음이 전해지도록 지금도 노력하는 중이다.

나는 아들에게 먼저 모범이 되어야 한다고 생각했다. 그래서 아무리 힘들고 어려운 상황에서도 긍정적인 생각으로 나를 잘 다스리는 힘을 길러야 했다. 나는 아침, 저녁의 기도에서 나를 점검하고, 명상으로 마음을 다스렸다. 심리학자들의 책으로 정신적인 힘을 길렀다.

부모가 역경을 잘 견뎌내는 모습은 아들의 미래를 위해 부모가 먼저 모범이 되는 중요한 역할이라고 생각한다. 아들은 브레인 성향에 맞는 삶으로 미래를 이끌어가게 될 것이다.

"엄마 때문에 못 살겠어요!"

"쟤 말하는 것 좀 봐."

"엄마, 좀 그만해!"

"뭐? 너 말버릇이 그게 뭐야?"

"아휴, 내가 못 살아."

초등 1학년인 예슬이와 어머니의 대화이다. 모녀는 센터에 들어와서 말다툼을 하고 있다. 예슬이는 엄마를 친구처럼 답답하다는 듯 말했고, 어머니는 어이가 없다는 듯이 말했다. 지켜보던 나는 다툼을 멈추게 하고 상담실 안으로 들어오라고 했다. 둘은 의자에 앉아서도 티격태격하는 모습이다. 무슨 일이 있었는지 물었다. 예슬이의 말이다.

"엄마는 나보고 이거 하지 마라, 저거 하지 마라면서 엄마는 안 그래요. 차를 타고 오는데 나한테 잔소리를 하니까 내가 못 살겠어요."

예슬이 말을 듣고 정확한 상황 파악이 안 되었다. 어머니에게 상황을 설명해 달라고 했다. 예슬이는 평소에 행동이 느리고 한 번 말해서는 말을 안 들었다. 밥 먹을 때, 옷 입을 때, 숙제할 때 등등 일일이 말을 해야 했고, 혼자서는 아무것도 안 한다고 했다. 어머니가 처음에 말하면 예슬이는 움직이지 않고 가만히 있다. 말을 못 들었나 싶어서 좋게 한 번 더 말해준다고 한다. 그러면 예슬이가 "응" 하고 대답한다. 그런데 대답만 하고 가만히 있는 모습을 보면 화가 나서 소리치게 된다. "너 진짜 몇 번 말해야 듣는 거야?" 그때서야 말을 듣는다고 한다. "속이 터질 것 같다며 자신이 문제인지 애가 문제인지 너무 속상하다."라고 했다.

"사랑하면서도 함께 있으면 불편한 어머니가 되지는 말자. 부디 우리 아이에게 '어머니의 말'은 언제 떠올려도 기분 좋고 힘이 나고 희망을 주는 느낌이면 좋겠다. 기운이 빠질 때 아무도 몰래 살짝 꺼내보면 기분 좋아지는 보석상자 같았으면 좋겠다."

자녀와 함께 행복해지는 데 쓰이기를 바란다며 이임숙은 『어머니의 말 공부』를 썼다고 했다. 그는 어머니라면 꼭 알아야 할 '어머니의 전문 용어

5가지'를 책에서 말하고 있다. 나는 부모와 자녀의 관계에서 부모가 말과 행동에 모범이 되었으면 할 때는 이 책을 권하고 있다. 예슬이 어머니에게도 이 책에 대한 설명을 해줬다.

"힘들었겠구나, 이유가 있을 거야. / 그래서 그랬구나. / 좋은 뜻이 있었구나. / 훌륭하구나. / 어떻게 하면 좋을까?"

어머니의 전문 용어는 5가지이다. 어머니는 아이에게 부드럽고 상냥하게 말해야 한다. 아이에게 진심이 느껴지도록 일관성이 있어야 한다. 어머니가 예슬이에게 존중하는 마음을 전해야 한다.강요와 명령하는 말이 아닌 믿고 기다려주는 말을 해야 한다. 화를 내거나 짜증을 내는 말은 아이에게 부정적인 태도를 갖게 한다. 스스로 할 수 있는 독립적인 아이가 되도록 하려면 '어머니의 말'이 중요하다고 했다.

예슬이는 어려서부터 온순하고 순응적이었다. 학교에 들어가기 전까지만 해도 말썽을 피우거나 속을 썩이지 않았다. 학교에 다니면서 까칠해졌다. 친구가 예슬이를 때리고 도망간다고 했다. 친구에게 하지 말라고 말했지만, 친구는 계속 때리고 도망간다고 한다. 그래서 학교에 가면 짜증이 났다.

예슬이는 좌뇌 성향으로 우뇌를 발달시켜야 하는 아이이다. 우뇌 기능의 감정 표현과 공감적 이해가 어려워 보였다. 이는 친구를 사귀게 되면서 부모와의 관계가 친구에게 나타나게 된다. 그래서 어머니는 예슬이의 마음을 헤아려주고 공감해줘야 한다. 그리고 사회성 관련 책을 보면서 친구와 잘 지낼 수 있도록 이해시키고 용기를 줘야 한다.

예슬이는 초등 1학년으로 전두엽이 발달하면서 사고력과 사회성의 발달로 관계 형성이 중요한 시기이다. 엄마와 함께 독서를 통해 다양한 문제 해결에 대한 소통이 필요하다. 서로 친밀감과 공감대를 형성하면서 긍정적인 관계를 배우고 훈련하게 해야 한다.

초등학교 1학년은 친구들을 사귀면서 사회성을 확장해나간다. 엄마와의 관계로 친구들과의 관계를 형성한다. 예슬이를 잘 살피고 정서적 안정감을 갖게 해야 한다. 이는 예슬이의 우뇌 기능을 발달시키고 브레인의 좌우뇌를 발달시키는 계기가 될 것이다. 초등 전두엽이 발달하는 시기는 인생의 전환점을 맞이하는 시기이다.

아이의 미래는 4차 산업혁명 시대이다. 미래에 아이에게 핵심 역량을 키워주기 위해 부모는 무엇을 해야 하는지 고민해야 한다. 부모는 아이의 미래를 위해 의사소통, 인성, 배려, 협력, 상상력을 발휘하는 융합 창의적 인재가 되는 잠재력을 발현시키도록 해야 한다. 그러기 위해서 부모는 아이와 함께 독서하고 공부하며 배워나가야 한다.

• <브레인 독서법> 핵심 포인트

아이의 미래를 위해 부모가 먼저 해야 할 일

아이는 빠르게 변화하고 발전하는 미래를 이끌어가는 사람이다. 그래서 부모는 아이의 미래를 위해 사명감을 가져야 한다. 부모는 아이의 미래를 위해 의사소통, 인성, 배려, 협력, 상상력을 발휘하는 융합 창의적 인재가 되는 잠재력을 발현시키도록 해야 한다. 그러기 위해서 부모는 아이와 함께 독서하고 공부하며 배워나가야 한다.

7

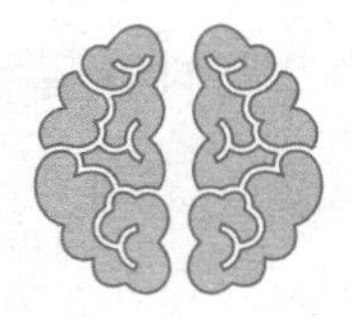

아이의 뇌를 알면 미래가 보인다

세상을 바꾼 컴퓨터 거장들은 컴퓨터를 좋아하고 도전적이다. 그들에게는 절대 포기할 수 없는 꿈과 목표가 있었다. 성공은 아무리 힘든 고난과 역경이 있어도 헤쳐나가야 한다는 것을 말해준다. 꿈이 있는 사람은 성공하고, 성공한 사람에게는 용기와 도전이 있다.

컴퓨터 거장들은 독서를 통해 좌우뇌를 균형 있게 발달시켜 뉴런을 활성화했고, 창조적 잠재력을 발현하여 세계적인 거장이 되었다. 그들은 빌 게이츠, 스티브 잡스, 래리 페이지로 혁신적인 기술과 인문학의 융합이 필수적이라는 것을 보여주고 있다.

'마이크로소프트'의 빌 게이츠는 하버드를 포기한 천재이며 최연소 억만장자이다. 그는 어릴 적 풍요로운 집안에 태어났다. 바쁜 부모님을 대신하여 할머니께서 돌봐주셨다. 할머니는 빌과 함께 카드놀이가 끝나면 빌에게 책을 읽어주었다. 그 덕분에 빌은 여러 분야에 관심을 가진 독서광이 되었다. 그는 백과사전을 다 읽겠다는 목표를 세우고 5년 동안 다 읽었다. 백과사전을 끝까지 읽으면서 자연스럽게 독서 습관이 몸에 익혀졌다. 책벌레가 된 빌은 학교에서 책 읽기 대회가 열리면 늘 일등을 독차지했다.

그는 새로운 경험에 대한 호기심이 강했고, 이러한 호기심은 충동적이고 도전적이었다. 정서적인 공감 능력이 높고, 관계 지향적인 모습에서는 강한 우뇌 성향이다. 그리고 독서로 좌뇌를 강하게 발달시키고 활성화했다. 꿈을 찾아 새로운 세계를 탐험하고 분석하며 몰입할 수 있었다. 그의 창조적 잠재력이 발현되어 세계 최고의 컴퓨터 거장이 되었다.

'애플'의 스티브 잡스는 말썽꾸러기에서 컴퓨터, 영화, 음악 산업에서 성공한 제왕이다. 스티브는 어린 시절 실리콘밸리에서 자랐다. 그곳은 미국 최첨단 벤처 기업들이 있는 곳이었다. 특히, 스티브가 사는 곳에 컴퓨터와 프린터기 제조 회사로 유명한 휴렛팩커드가 있었다. 스티브는 자연스럽게 전자기기와 가까워졌다. 학교에서는 말썽꾸러기로 유명했다. 그리고 초등학교 4학년 때 이모진 테디힐 선생님을 만나서 공부의 재미를 알게 되었다. 그녀는 스티브가 총명하고 재능이 있는 아이라고 했다. 그리고 고2~3학년 때 음악, 과학, 기술, 문학 등 지식의 꽃을 피웠다.

그는 호기심이 많고 관심 범위가 넓었다. 컴퓨터에 관심을 갖고 몰입하게 된 것은 좌뇌를 강하게 발달시키고 활성화했기 때문이다. 그는 다양한 분야의 독서광으로도 유명하다. 이는 타고난 강한 우뇌 성향과 강하게 발달된 좌뇌가 균형적으로 활성화되었기 때문이다.

과학기술의 혁신을 보여준 애플은 기술과 인문학이 결합한 제품이라고 했다. 그의 창의적 잠재력은 첨단기술과 인문학을 융합하는 조화로움이다. 마치 브레인의 좌우뇌를 균형적으로 발달시켜 많은 뉴런과 시냅스의 활성화로 가능성을 보여주는 것 같다.

'구글'의 래리 페이지는 모든 상상을 현실로 만든 천재이며 직장을 놀이터로 만들었다. 그의 꿈은 발명가였다. 래리는 어려서부터 컴퓨터를 장난감처럼 갖고 놀았다. 6살 때 동화책을 컴퓨터에 입력해서 읽었다. 래리는 암기보다 원리를 이해하고 끊임없이 질문하고 사람들과 토론하는 것을 좋아했다. 부모는 다양한 주제로 래리와 토론을 했다. 평소에는 사색을 즐기고 조용한 성격이었지만 토론할 때의 적극적인 모습은 딴 사람처럼 보이기도 했다. 래리는 미시건 대학에서 컴퓨터공학을 우수한 성적으로 졸업했다. 그 후 스탠퍼드 대학에서 박사 공부를 하다가 그만뒀다.

래리는 유대인으로 조용하고 사색적인 아이였다. 어렸을 때부터 책을 컴퓨터에 입력해서 읽을 정도로 컴퓨터를 좋아했다. 기계, 기술에 몰입하는 강한 좌뇌 성향과 독서와 토론으로 우뇌 기능을 강하게 발달시켰다. 그가 친구 세르게이 브린과 새로운 검색 엔진을 만들면서 세계적인 기업 '구글'을 탄생시켰다.

이 세 명의 컴퓨터 거장들에게는 공통점이 있었다. 어릴 때부터 강한 호기심과 적극적인 모험심이 있었다. 강한 호기심과 모험심은 꿈을 찾고 끝없이 도전하게 했다. 이들은 실패와 시련을 겪으면서도 자신의 꿈을 포기하지 않았다. 그들은 독서의 지혜와 융합으로 자신의 잠재력을 발현시켰다.

나는 컴퓨터 거장들만큼 인문학에 거장이 될 사람을 만났다. 그는 현재 〈한국책쓰기1인창업코칭협회(한책협)〉에서 전문 코치로 활동하는 정소장이다. 그는 서울대 출신이고, 삼성맨이었다. 그의 과거 이력을 듣고 깜짝 놀라서 지금까지 살아온 삶의 변화에서 브레인 성향을 파악해보고 싶었다. 많은 책을 읽었고 출판된 책이 베스트셀러가 된 그의 삶이 청소년들에게 동기부여가 되면 좋겠다는 생각이 들어서 그에게 인터뷰를 요청했다.

정소장은 33세 미혼이다. 그는 〈한국위닝독서연구소〉의 대표이다. 『퇴근 후 1시간 독서법』, 『몸값 높이는 독서의 기술』의 저자이며, 독서법 코치, 독서 콘텐츠 제작자, 베스트셀러 작가이다.

그는 서울에서 태어나서 학령기에 수학, 과학 영재로 성장했다. 서울대에서 지구과학을 전공하고, 대학교 다닐 때는 전액 장학금을 받았다. 졸업 후 장교로 복무했으며, 육군 ROTC 중위로 제대했다. 그 후 삼성전자에 입사했고 인사팀에서 6년간 근무했다. 그리고 지금은 3개월째 〈한책협〉에서 전문 코치로 활동하고 있다.

"어머니는 저를 '서울대' 보내시려고, '서울대병원'에서 저를 낳았어요."

그리고 웃으면서 "서울대는 내가 아닌 어머니의 꿈이었어요."라며 덧붙였다. 어릴 적엔 개구쟁이였고 부끄럼이 없었다고 기억했다. 부모님, 선생님 말씀 잘 듣는 착한 아이였다고 한다. 사춘기 때 반항 한 번 없었고, 공부도 열심히 하는 우등생이었다. 흔히들 말하는 '엄친아'로 어른들이 좋아하는 모습이었다. 그는 "어머니의 확신으로 바르게 성장하며 자랄 수 있었던 것 같다."라며 성장 배경을 어머니의 따뜻한 보살핌이라고 했다.

초등 때 무대는 앞장서서 나갔었다고 한다. 고등학교 시절에는 클라리

넷을 연주했고, 대학교 때는 오케스트라 단원으로 활동했다.

"나는 창의성 있는 우뇌를 활성시키지 못했고, 학교 주입식 교육은 좌뇌만 더 발달시켰다. 나는 어머니의 소원대로 공부해서 서울대를 갔다. 나의 삶은 아니었다."

"나에게도 우뇌 성향의 모습이 많았지만 우뇌를 활성화시키지 못하고, 학교 공부로 좌뇌만 강하게 활성화한 것 같다."라고 했다. 학업 공부에만 몰입했었고, 필독서만 읽었다. 여유롭게 책을 보거나 즐길 수 없었다고 한다.

이제 "나의 꿈을 향해 살고 싶다."라고 말했다. 그는 지난 10년간 1,000권이 넘는 책을 읽으면서 독서 연구를 했다. 바쁜 직장생활을 하면서도 독서를 우선순위에 뒀다. 독서에서 중요한 것은 양이 아닌 독서의 목적과 습관이라는 것을 깨달았다고 한다.

그는 '독서법 코치 1인 창업가'의 꿈을 갖게 되었다. 50대쯤 독서 주제로 강연을 다니면서 사람들에게 노후 설계와 은퇴 기반을 다져주는 삶을 살고 싶다고 했다. 나는 그의 꿈에서 더 크게 성장하게 될 그가 느껴졌다. 곧 우뇌가 강하게 활성화되면 그의 잠재력은 발현될 것으로 보인다.

그는 2019년 〈한책협〉의 김태광 대표를 만나 인생의 스승이자 멘토로 자신의 달란트를 발견했다. 현재 〈한책협〉의 전문 코치이자, 각 지역의 도서관과 삼성전자 등의 기업에서 '독서법 코칭' 강연가로 활동하고 있다. 지금은 행복한 삶을 살고 있다고 했다. 인문학적 소양과 삶의 의식이 높은 스승 '김도사' 곁에서 함께 배우는 것이 자신에게 비전이라고 한다. 지금은 〈한책협〉에서 미라클사이언스 '의식 확장' 강연이 확장되어 우리나라는 물론 전 세계적으로 인문학적인 삶의 의식이 높아지길 희망하면서 최선을 다하고 있다고 했다.

미국의 컴퓨터 거장들과 한국의 정소장은 너무나 다른 삶이다. 그들이 우리나라에서 자랐다면 정소장과 같은 삶을 살거나 더 불행했을 것 같다는 생각이다. 우리나라도 이제 높은 학력을 선호하기보다 아이의 잠재력을 발현하는 1인 창업이 우선되어야 한다. 아직도 획일적인 교육의 틀 안에서 수많은 천재가 제한된 삶을 살아가고 있다.

우리 아이들이 살아가야 할 미래는 4차 산업혁명의 인공지능(AI)과 5차 혁명의 스마트 시티이다. 부모는 아이의 미래를 위해 뇌 발달을 이해하고 전두엽이 발달하는 초등 시기가 정말 중요하다는 사실을 깨달아야 한다.

• <브레인 독서법> 핵심 포인트

아이의 뇌를 알면 미래가 보인다

컴퓨터 거장들(빌게이츠, 스티브 잡스, 래리 페이지)은 혁신적인 기술 발전을 이루었다. 전두엽이 발달하는 시기에 독서를 통한 인문학적 지혜는 창의적 잠재력을 발현시켰다. 정소장은 서울대와 삼성맨으로 최고의 엘리트 코스를 거쳤다. 획일적인 학교 공부는 인문학적 독서를 통한 꿈을 찾지 못하게 한다. 현재 그는 독서를 통해 자기의 꿈을 향해 도전하고 있다.

3장

좌뇌형 & 우뇌형 아이의 독서법

아이에게

– 이상윤

아이야, 너는
하루에 얼마만큼이나
네 반짝이는 눈 들어 하늘을 쳐다보니?

(중략)

하늘은 언제나
네 이마 위에서 푸르고
맑은 시냇물은 발 밑에서 끝없이 흘러가고
들꽃들은 멀리서도 그 작은 귀를 열어
네 목소리를 알아듣는단다.
이 너른 우주에 존재하는
참으로 모래알처럼 작은 것이라도 모두가
너의 목숨처럼 빛나는 소중함이란다.
마치도 보이지 않는 곳에 계시는
보이지도 않는 분이
그 커다란 눈과 귀로 너와 내가
생각하고 말하고 행동하고
서로 사랑하며 그리워하는 것까지도
잘 닦여진 거울 보듯 깨끗이
알고 계시듯이 말이란다.
너, 아이야.

1

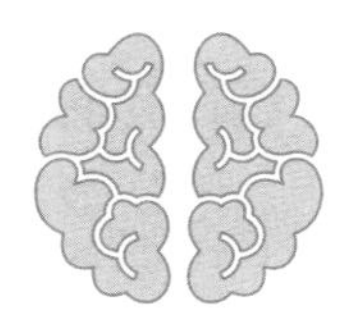

좌뇌형 & 우뇌형 독서법이 왜 필요할까?

'당신은 브레인을 어떻게 이해하고 있는가? 좌우반구가 정말로 그토록 다르다면, 신경학적 · 신경심리학적으로 그 증거는 얼마나 있는가? 혹은 차이가 정말로 있다면, 그것이 그저 공간의 여건에 따라 '기능들'이 되는 대로 배분된 결과인가?'

이언 맥길크리스트가 스스에게 묻는 질문이었다. 『주인과 심부름꾼』의 저자로 뇌 영상을 연구한 정신과 의사이다. 그는 이 책에서 "나는 좌우의 두뇌 반구가 여러 가지 중요한 면에서 상이하다고 믿게 되었다."라고 말했다. 또 "우리 자신과 세계를 창조해내는 데 두뇌도 일조한 세계의 구조를 이해하려는 데 있다."라며 좌뇌형과 우뇌형을 구분하여 이해했다.

자녀의 출생 순위에 따라서 성격, 행동, 태도, 뇌 발달 등 모두 다르다. 형제가 있는 가정에서 두 아이가 서로 다를 때 부모의 태도는 어려울 때가 더 많다. 초등학교 3학년인 첫째 현진이와 초등학교 1학년인 둘째 현석이는 표정부터 달랐다. 큰아이 현진이는 표정이 평온해 보였다. 온순하고 말도 잘 듣고 엉뚱한 행동은 전혀 하지 않는 착한 아이라고 어머니는 말한다. 그런데 작은아이 현석이는 개구쟁이에 말썽만 피우고, 가만히 있지를 않는다며 하소연했다. 현진이는 공부도 잘하고 책도 좋아하고 학원도 잘 다닌다고 했다. 그러나 현석이는 학교, 학원에서 말썽을 피워 어머니가 몇 번을 다녀왔다고 한다. 어머니는 "현석이가 마음을 가라앉히고 책도 좀 보고 공부도 했으면 좋겠어요."라고 말했다.

현석이는 잠시도 가만히 앉아 있지 않았다. 센터를 돌아다니며 물건을 만졌다. 그러다가 궁금한 것이 있으면 질문도 잘했다.

"선생님, 이건 왜 이렇게 생겼어요?"
"글쎄 나도 잘 모르겠네. 뭐가 궁금하니?"
"꼭 그런 건 아니지만 창문이 너무 작네요."

센터의 창문이 일반 창문에 비해 작았다. 작은 창문을 가리키며 마치 이상하다는 듯 물었다. 창문 크기가 작다면 왜 작은지 이유가 궁금한 것 같았다. 궁금한 물건들에 대해서는 바로 질문을 했다. "학교생활은 재미 있니?"라고 물었더니, "그냥 그저 그래요"라고 답한다. 질문에 대답을 잘하고 얘기가 잘 이루어졌다. "현석아, 좋아하는 책 있니?", "아니요."라고 한다. 책을 싫어하는 이유를 물었더니, "엄마가 자꾸 책을 읽으라고 하니까 더 읽기 싫었어요. 그리고 학교에서 교과서를 읽고 느낀 점을 얘기하라고 하니까 그것도 싫었어요."라고 했다.

그에 비해 형 현진이는 아주 반듯한 아이였다. 학교에서도 모범생이었다. 책도 좋아하고 늘 칭찬만 받는다고 했다. 현진이는 "동생이 말을 안 듣고 엄마한테 혼나니까 나도 마음이 안 좋아요."라고 했다. 그리고 "현석이랑 잘 지내고 싶지만, 내 말은 무시해요."라고 한다. 동생이 자기 말을 잘 들으면 동생에게 공부를 가르쳐주고 싶다고 했다.

현진이는 어른들이 좋아하는 '엄친아'의 모습으로 보였다. 차분하고 예의 바르고 학습 자세도 좋았다. 차분하게 대화가 잘 이루어졌다. 책은 주로 과학도서를 좋아했다. 혼자 조용히 책을 보거나 가끔 친구들과 어울려 놀기도 한다. 그러나 동생이 사고를 치고 엄마한테 꾸중을 자주 들어서 마음이 안 좋다고 했다. 동생에게 수학, 영어를 가르쳐주고 싶다고 했다. 나는 현석이에게 형의 마음을 전해줬다.

현석이는 잘난 척하는 형이 싫다고 했다. 자기는 형처럼 살고 싶지 않다고 한다. 형은 아빠, 엄마가 시키는 대로 다 한다. 책 읽으라면 책 읽고, 공부하라면 공부하고 자라고 하면 잔다고 했다. “형이 엄마 말 잘 듣는 것이 이상하니?”라고 물었다. 현석이는 “형은 바보 같아요. 엄마가 시킬 때 하기 싫을 때도 있잖아요. 그런데 형은 무조건 ‘네!’ 해요. 형을 보면 답답하고 짜증나요.”라고 했다. 나는 현석이에게 “현석이도 형하고 잘 지내고 싶은데, 형이 엄마 말을 너무 잘 들어서 속상했구나!”라며 마음을 헤아려줬다. “현석이가 형을 잘 보고 있었네. 속상한 마음을 솔직하게 말해줘서 고마워.”라며 머리를 쓰다듬어줬다.

나는 어머니를 따로 만나서 두 아이의 브레인 성향을 분석했다. 현진이는 순응적인 아이로 학습 태도가 좋고 공부를 잘하는 좌뇌가 활성화된 좌뇌 성향의 아이였다. 그러나 현석이는 호기심이 많고 행동에 지적을 받으면 반대로 행동했다. 특히, 형과 비교당하면서 늘 자신을 무시하는 어머니에게 화가 많이 났다. 자기의 관심사나 호기심에 관한 이야기를 나누면 눈이 반짝반짝 빛이 나는 아이다. 현석이는 우뇌 성향이 강했고 좌뇌를 발달시켜야 하는 아이이다.

어머니는 현석이가 밝고 웃음도 많고 재치 있는 아이란 걸 잘 알고 있다. 하지만 학교와 학원에서 말썽꾸러기라는 얘기를 들으면서 어머니도 신경이 쓰였다고 한다. 자신도 모르게 형과 비교하게 되었고, 잔소리를 더 하게 되었다고 한다. 어머니는 잔소리를 최대한 안 하겠다고 약속했다.

다시 만난 현석이는 달라진 모습이다. 나는 현석이의 표정과 자세, 태도를 살폈고 표정이 밝을 때마다 칭찬을 듬뿍했다. "잘 웃네, 웃으니까 멋지다." 그리고 "현석이가 좋아하는 책이 있으면 선생님이 읽어줄게."라고 했더니 잠시 머뭇거린다.

"선생님, 엄마가 달라졌어요!"
"그래? 어떻게 달라졌어?"
"어머니가 잔소리를 안 해요. 나한테도, 형한테도요."
"어머, 너무 잘됐네, 그래서 현석이는 기분이 어떠니?"
"좀 이상한데 좋아요. 엄마가 잔소리를 안 하니까 심심하기도 하고."

요즘은 형하고도 잘 싸우지 않는다고 했다. 현석이의 태도에서 안정감이 느껴졌다. 형제가 서로 사이좋게 지낸다면 부족한 면을 보완해주면서 멋진 형제가 될 것으로 보였다.

현진이는 좌뇌 성향이 높고 순응적인 아이이다. 현진이는 독서와 공부를 잘하기에 독서로 우뇌를 활성화할 수 있는 감정 표현을 이끌어주면 된다. 현진이가 책을 읽고 어머니는 현진이와 하브루타 질문법으로 토론하면 좋다. 특히, 감정 표현을 잘할 수 있도록 이끌어주고 다양한 관점으로 생각해보는 훈련이 필요하다.

현석이는 1학년이므로 어머니와 신뢰가 우선 회복되어야 한다. 어머니와 친밀해지면 독서가 좋아지도록 해야 한다. 그래서 현석이의 브레인 성향을 잘 파악해야 하는 것이 무엇보다 중요하다. 호기심과 활동성이 높고 새로운 경험을 선호하기에 주의 집중이 약하고 감정적인 표현이 많다. 특히, 주관적인 상황 판단으로 부정적인 감정에 민감하게 반응하기 때문에 부드럽고 친절하게 말해줘야 한다. 어머니는 현석이가 좋아하는 책을 읽어주면서 재미있는 독서 활동이 좋다. 현재 1학년 책을 어려워하면 그림 동화책으로 시작하면 좋다. 우선 책을 좋아하게 하고 어휘력을 높이는 것을 목표로 현석이에게 책을 읽어줘야 한다.

우리 아이에게 독서는 정말 중요하다. 전두엽이 발달되는 초등 시기에 다양한 경험을 통해 탄탄한 신경회로를 만들어야 한다. 이때 유용한 신경세포를 많이 확보해둬야 한다. 그렇지 않으면 시냅스의 연결들이 불필요하다고 판단해서 솎아내져 버리게 된다.

유아 때 전뇌가 발달한 아이가 초등 시기 전두엽이 발달할 때 나타나는 성향은 독서를 하는 데 매우 중요하다. 아이의 브레인 성향에 맞는 독서로 전두엽의 좌우뇌를 균형적으로 활성화해야 한다. 이는 사춘기에 겪는 변화들의 혼란을 어느 정도 해결해주기 때문이다.

특히, 부모는 아이를 위해 모범적인 행동을 보여야 한다. 아이의 습관은 부모의 모방 행동에서 비롯되기 때문이다.

〈브레인 독서법〉은 아이의 브레인 성향에 맞는 독서이다. 우뇌 성향 아이에게는 좌뇌를 발달시켜 뉴런을 활성화해서 균형을 이루게 해야 한다. 반대로 좌뇌 성향 아이에게는 우뇌를 발달시켜 뉴런을 활성화해야 한다. 유아 때 전뇌가 발달한 아이는 좌우뇌 성향이 구분되며, 초등 시기에 전두엽을 균형 있게 발달시켜 활성화하는 독서를 해야 한다. 이는 아이의 미래에 창의적 잠재력을 발현할 수 있도록 하기 위해서이다.

•〈브레인 독서법〉 핵심 포인트

좌뇌형 & 우뇌형 독서법이 왜 필요할까?

초등 3학년, 1학년 형제의 브레인 성향은 달랐다. 유아 때 전뇌가 발달한 아이는 좌우뇌 성향이 구분된다. 좌뇌 성향과 우뇌 성향이 다른 아이에게는 서로 자기 성향에 맞는 독서를 해서 전두엽을 균형 있게 발달시켜 활성화해야 한다. 이는 아이의 미래에 창의적 잠재력을 발현할 수 있도록 하기 위해서이다.

2

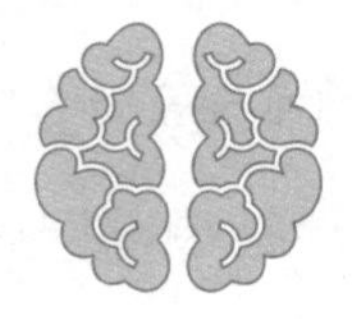

뇌 기반 특성의 좌뇌, 우뇌, 뇌량을 쉽게 이해하자

"두뇌는 왜 분할되었는가? 그동안 수많은 연구와 추측이 있었지만, 신경학자들은 반구 간 차이를 이해하고자, 그 차이가 인간의 생각과 경험에 미치는 영향을 알아내고자 분투했다. 두 반구는 그저 다른 기술을 가진 것이 아니라 완전히 다른 세계관을 갖고 있다."

이언 맥길크리스트는 『주인과 심부름꾼』에서 뇌의 분리를 다른 세계관으로 주장한다. 그는 옥스퍼드에서 신학과 철학, 영문학, 의학을 공부하고 뇌 영상을 연구했다. 그리고 런던의 베들렘 및 모즐리 왕립병원의 정신과 의사와 원장을 했다. 이 책은 그가 20여 년에 걸쳐 연구한 내용이다. 그는 우리의 분할된 두뇌가 우리 개인과 사회에 미치는 영향을 탐구했고 두 반구는 반드시 함께 작동한다고 했다. 그의 저서를 기반으로 두뇌의 좌뇌, 우뇌, 뇌량을 쉽게 이해할 수 있다.

좌뇌는 세계를 효율적으로 활용하고 설계한다. 초점이 좁고 집중력이 좋다. 이론과 익숙한 경험을 선호한다. 새로운 것을 추구하지 않는다. 추상적이고 비개인적인 것에 더 친근감을 느낀다. 일반적이고 객관적이며 인공물과 기계를 좋아한다. 감정을 못 느끼고 공감하지 못한다. 언어 활동 영역이 넓고 정보 은행이 크다. 비합리적이고 고집불통일 정도로 자신의 판단을 확신한다. 어떤 대상의 현상을 파악할 때 전체를 부분들로 쪼개어 보고 다시 전체를 본다. 사물의 특성과는 다르게 어떤 전체를 조합해낸다. 자기가 만든 가상 세계에 관심이 있다. 타인과 단절되어 좌뇌를 강하게 해준다. 그러나 그 자체를 조작하거나 아는 일만 할 수 있다.

우뇌는 세계를 훨씬 더 넓고 관대하게 이해한다. 새로운 경험과 정보를 선호한다. 관심 범위가 넓다. 공감적이고 감정적이다. 타인과의 관계를 중시하고 관심이 많다. 사고가 유연하다. 전체 사물을 맥락으로 본다. 사회적 관계 형성과 감정 표현을 잘한다. 자기 인식, 마음 이론, 자아 형성이 이루어진다. 주관적이고 언어적 감정 이해와 표현을 잘한다. 지식의 확실성이 없고 모호하다. 상황에 대한 합리적 증거가 없는 상태에서 독단적으로 결정을 내린다. 어떤 대상의 현상을 파악할 때 전체를 본다. 예측이 가능하고 특정한 상황에서 효율적이다. 유연한 사고 능력은 창조성과 관계가 있다. 개인적인 흥미와 감정적인 성격을 선호한다. 슬픔, 고통을 잘 느낀다.

뇌량은 각 좌우에 속하는 신경섬유가 3~8억 개가량 있다. 이는 다른 반구의 개입을 막기 위해서다. 흥분과 금지 행동의 신경세포를 억제한다. 즉 좌뇌의 흥분 신경세포가 우뇌로 가지 못하도록 금지시키는 역할을 한다. 신경조직의 중심끈이다. 좌우뇌의 소통을 담당한다. 두뇌가 클수록 두 반구의 상호 연결은 줄어들고 두뇌가 대칭적일수록 뇌량은 작아진다. 인간 두뇌의 양쪽 반구는 두 개의 자율적 시스템이다. 서로의 반구는 생리학적 원칙에 따라 이원적으로 통제를 다듬는다. 두 반구는 분리와 연결 기능의 뇌량으로 창조성을 만든다. 즉 창조성은 서로 연관되면서도 독립적으로 유지되는 사물들의 결합으로 이루어진다.

두뇌는 세계를 파악하는 도구만이 아니라 세계를 존재하게 만든 도구라고 저자는 말하고 있다. 실제로 두뇌는 종합적이고 동적인 단일한 시스템이다. 일어나는 사건들은 서로 연결되어 있다. 어떤 방식으로든 대안적으로 재구성하고, 균형을 재확립하기 위한 치열한 움직임이 일어난다. 두뇌는 네트워크이며 무수히 많은 통로로 연결되어 있다. 창조성은 두 반구가 모두 중요하게 개입되어 있다. 이것이 브레인을 균형적으로 활성화해야 하는 이유이다.

초등생 아이들을 둔 어머니 초등 교사가 있다. 초등 5학년 수진이와 초등 3학년 유진이의 엄마다. 어머니는 겨울방학이지만 거의 매일 학교에 출근하고 있다. 아이들도 방학인데 어머니는 바쁜 일정으로 함께 보내지 못해서 미안해했다. 늘 아이들을 잘 챙기고 싶은 마음이다. 그러나 조급한 마음은 아이들에게 지적하고 자주 화를 냈다. 후회하면서 반복된 일상이 되었다. 그는 "아이들의 뇌 성장 발달과 양육 태도 방법"에 대해 코칭 받고 싶다고 했다.

큰딸 수진이는 초등학교 5학년이다. 아이가 태어나고 육아휴직 후 13개월부터 어린이집에 맡겼다. 수진이는 평소 속상한 일도 개의치 않은 듯 행동한다. 그러다가 쌓이면 말하지 않고 눈물을 글썽거린다. 어머니는 이런 모습에 수진이를 내성적이라고 생각했었다. 그러나 수진이는 표정이 밝고 잘 웃는다. 말이 많고 수다스럽게 친구들과 관계도 좋고 잘 어울려 지낸다. 내성적이라 할 수 없는 모습이었다.

어머니는 수진이에게 어릴 때부터 책 읽기를 해줬는데 3살 때부터 혼자 책을 읽었다고 한다. 존경하는 인물은 비폭력주의 마하트마 간디이다. 꿈은 수의사, 의사, 네일 아티스트, 유치원 교사, 역사학자로 계속 바꿔고 있다. 독서는 집중력이 높고, 꼼짝도 하지 않는다. 일기를 6년째 쓰고 있다. 요즘 수진이는 어머니에게 "내가 알아서 하니까 신경을 꺼 주세요!"라고 말한다. 그리고 칭찬을 하면 "나는 천재다."라고 말한다. 어머니는 사고 치고 덜렁대는 수진이에게 잔소리를 많이 했다고 한다.

작은딸 유진이는 초등학교 3학년이다. 유진이는 태어나서 3개월째부터 보육을 여기저기에 부탁해야 했었다. 그러다가 시댁에 맡기면서 출근했고, 퇴근하면서 데리고 왔었다. 어릴 때 낯가림이 심했고 13개월부터 어린이집에 맡겼다. 유진이는 약속을 잘 지키고 이해력이 좋고 성실하고 바른 아이다. 꿈은 작가, 작곡가, 파티셰, 7천 평 농장주로 바뀌고 있다. 어머니는 큰딸 수진이보다 유진이와 대화가 더 잘 된다고 했다. 요즘 언니 따라 유튜브도 보고 필사도 함께 한다고 했다. 유진이는 차분하고 말을 예쁘게 했다. 어머니와 선생님이 좋아하는 바르고 말 잘 듣는 아이로 보였다.

수진이는 밝은 표정에 말도 많고, 친구 관계도 좋다. 어머니의 잔소리에도 크게 영향을 받지 않는 것 같다. 이는 우뇌 성향이 강하게 활성화된 모습으로 보인다. 이에 독서 습관과 일기 쓰기는 좌뇌를 잘 발달시키고 있다. 국어사전 필사, 존경하는 인물, 꿈이 있는 모습은 강한 좌우뇌로 성장시킬 수 있는 기반이 된다. 수진이의 독서 습관과 쓰기(일기, 필사, 독후감)가 잘 실행되면 브레인의 좌우뇌가 균형 있게 활성화되어 잠재력을 발현하게 될 것이다.

나는 어머니에게 바쁜 생활에서도 훌륭하게 수진이를 잘 가르치고 있는 모습을 격려해주었다. 수진이의 브레인이 잘 활성화되어 큰 꿈을 이루어지길 희망한다고 했다.

'Dream Map(꿈 지도)'을 안내하고 '꿈을 이루는 아이'가 되길 응원한다. 그리고 수진의 SNS와 유튜브 사용은 자율적으로 선택하게 해도 된다. 매일 성실하게 자기 할 일을 잘하고, 자유로운 시간은 아이에게 매우 필요하고 중요하다. 존중받는 아이는 자율성을 갖게 된다.

자율성을 존중받는 수진이는 어머니를 더욱 신뢰하게 된다. 그러면 수진이와 어머니의 신뢰감은 더욱 확고해진다. 그러기 위해서는 수진이에게 부드럽고 친절한 언어로 표현하고, 격려하며 믿고 기다려줘야 한다. 그러면 수진이는 자신의 꿈을 향해 도전하는 아이가 될 것이다. 어머니에게 수진이의 잠재력이 발현할 수 있도록 든든한 울타리가 되어주길 바란다고 했다.

유진이는 차분하고 말을 잘하는 아이였다. 감정 언어를 쓰지 않는다. 어른에게 예의 바르고 착한 모습이다. 이는 좌뇌 성향이 더 활성화된 아이이다. 언니보다 우뇌 성향이 활성화되지 않은 모습이다. 언니를 좋아했고 따라 하려는 모습은 유진이가 우뇌를 발달시키려는 동기로 보인다.

어머니는 유진이와 사회성과 관계에 관련 책을 보며 하브루타 질문으로 자기감정을 언어적으로 표현하도록 이끌어줘야 한다. 특히, 타인의 감정 읽기와 감정 표현을 훈련하는 것이 중요하다.

유진이는 어머니의 길잡이가 중요한 아이이다. 유진이의 브레인 발달을 잘 살피고 독서와 활발한 독서 활동을 함께 해야 한다. 활동성 있는 표현은 유진이의 우뇌를 발달시켜 활성화한다. 유진이는 꿈을 탐구할 수 있는 독서와 목표가 필요하다. 자신의 목표를 실행하는 데 어머니는 든든한 조력자 역할을 해야 한다. 유진이가 점차 말이 많아지고 활력 있게 변하는 모습을 당연하게 받아들여야 한다. 유진이가 예전과 다르다고 비교하는 태도를 주의해야 한다. 그러면 유진이는 타인과 관계를 잘 맺으며 미래형 리더로 성장할 것이다.

어머니는 상담을 받고 아이들 성향에 대한 관점이 달라졌다고 한다. "수진이의 실수를 문제로 보지 않고, 아이의 성장 기회로 보고 지지와 응원을 해야겠어요."라고 했다. 유진이는 어릴 때 제대로 돌보지 못해 마음이 아팠다. 자신의 역할이 더 중요함을 알게 되었다. 유진이와 더 많은 시간을 보내면서 활동성 있는 관계를 하도록 노력하겠다고 했다.

학교에서도 선생님인데, 집에서도 어머니보다 선생님 역할을 했다며 반성했다. 이제 걱정보다는 아이들을 믿고 브레인이 잘 성장할 수 있도록 돕겠다고 한다. 아이의 '뇌 발달 성장'이 중요함을 느끼게 되는 계기가 되었다. 어머니는 아이에 대한 브레인 성향을 많은 부모가 들었으면 좋겠고, 아이를 잘 이해하기 위해서라도 필요한 것 같다고 했다.

부모는 아이의 성장을 위해 뇌 기반의 특성을 이해하는 것이 중요하다. 이는 아이의 잠재력을 발현하는 기초 지식이 되고 미래형 리더를 키우기 위해 준비해야 하기 때문이다.

•<브레인 독서법> 핵심 포인트

뇌 기반 특성의 좌뇌, 우뇌, 뇌량을 쉽게 이해하자

두 반구는 완전히 다른 세계관을 갖고 있는 좌뇌, 우뇌, 뇌량으로 이루어져 있다. 이러한 특성은 창조성을 발현하기 위해 뇌량이 좌우 신경세포를 억제하는 데 있다. 부모는 아이의 성장을 위해 뇌 기반의 특성을 이해하는 것이 중요하다. 이는 아이의 잠재력을 발현하는 기초 지식이 되고 미래형 리더를 키우기 위해 준비해야 하기 때문이다.

3

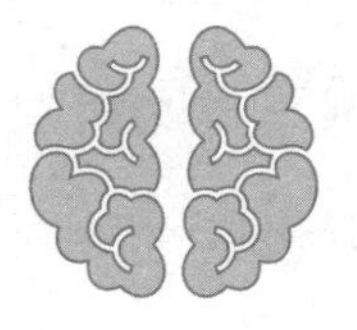

매사에 충동적이고 산만하다면

"어린이의 운명은 어머니가 만든다. 나의 심지(心志), 나의 면력(綿力), 나의 자치(自治)는 모두 어머니의 교육을 통해 얻은 것이다."

아이의 운명은 어머니의 교육에 있다는 나폴레옹 말처럼 아이의 뇌 발달은 부모에 따라 다르게 성장한다. 우뇌 성향이 강한 아이는 충동성과 산만함이 높을 수 있다. 이는 좌뇌에 비해 우뇌가 더 활성화되면서 호기심이 강하고 도전적인 행동력이 높다. 관계 형성을 선호하고 감정에 민감하다. 감정적인 충동성이 높고 주의 집중력이 약하다. 특히, 언어 이해력과 기억력이 낮고, 순응적이지 않는 행동을 보이게 된다. 자신의 행동에 대해 설득력이 부족하고 감정적인 표현을 한다. 전두엽 발달의 불균형으로 아이는 충분히 혼란스러운 상태이다.

부모는 아이의 전두엽 발달 상태를 자세히 살펴보아야 한다. 그리고 브레인에 대해 공부해야 한다.

센터 현관 앞에서 아이가 소리를 지르고 있다. 어머니는 쪼그리고 앉아서 운다.

"안 가!! 안 갈 거야!!"

"괜찮아, 들어가자."

"싫어!! 싫다고!!"

(흑흑흑) "그럼 어떻게 해?"

"집에 갈 거야!!"

어머니는 조용히 일어서더니 센터 안으로 들어왔다. 곧바로 아이가 따라 들어온다. 어머니는 센터 안으로 들어와서 나에게 시끄럽게 해서 죄송하다며 인사를 했다. 그리고 오늘 오후 4시에 예약한 명훈이 어머니라고 했다. 약속한 시간보다 15분 늦었다.

"명훈이는 여기 앉아 있어. 어머니는 상담 받고 올게!"(다소 엄하게)

"(소리친다)싫어! 집에 갈 거야."

"(한숨 섞이게)그럼 집에 가. 왜 따라와서 속을 썩이는지!"

"(으아앙, 소리치고 운다)싫어, 집에 태워 달라고."

명훈이는 센터 대기실 소파에 앉아서 소리치듯 대답한다. 어머니는 문 앞에서 우는 모습과는 다르게 냉정했다. 명훈이는 어머니의 달라진 태도에도 아랑곳하지 않았다. 나는 명훈이에게 츄파춥스를 여러 개 주면서 말을 건넸다.

"(상냥하게)명훈아 사탕 좋아해?"

"(내 손에 있는 사탕을 잡으려고 한다)네!"(나는 얼른 사탕을 쥐고 손을 높이 올린다)

"(상냥하게)그렇구나, 무슨 맛 좋아해?"

"(씩씩하게)다요."

"(부드럽고 친절하게)아, 다 좋아하는구나. 그럼 엄마랑 선생님 저 방에서 얘기하는 동안 사탕 먹고 있을래?"

"(언제 그랬냐는 듯이 밝게 대답한다)네!"

"(웃으면서 상냥하게)우선 이 중에 하나 골라서 먹으면 선생님이 또 줄게! 어때?"

"(다소곳하게)네."

어머니는 놀라서 내게 말한다. "명훈이가 나한테만 늘 고집을 부려요.

사탕을 안 좋아하거든요." 명훈이는 어머니 말만 안 듣는다고 한다. 아버지나 할머니 말은 잘 듣는다고 했다. 한번 고집을 피우면 절대 안 하려고 한다. 그럴 때마다 너무 힘들어서 자신의 양육에 대해 상담 받고 싶다고 했다. 오늘도 명훈이를 데리고 오지 않으려고 했는데 따라왔다고 했다. 차 안에서는 얌전히 있겠다고 몇 번 다짐했다고 한다. 매일 전쟁 같다고 했다. 일상생활에서 시도 때도 없이 떼를 쓰고 충동적인 행동이 많다고 한다. 너무 산만해서 가만히 있지도 않는다고 했다.

초등학교 1학년 명훈이는 '엄마 껌딱지' 같다고 했다. 늘 어머니 곁에 붙어서 고집을 피운다. 아버지와 할머니 앞에서는 애교도 많고 장난도 잘 친다고 했다. 어머니에게는 소리치고 울고불고 고집을 부린다. 어머니가 책을 읽어주겠다고 하면 책장에 책을 다 꺼내 온다고 한다. 몇 권만 가져오라고 해도 고집 피워서 말을 잘 안 듣는다고 했다. 결국, 책은 못 읽어주고 싸우게 된다고 했다.

명훈이는 우뇌가 강하게 활성화되는 아이였다. 이해력과 설득력이 부족한 명훈이는 엄마에게 감정적인 표현이 많았다. 명훈이는 엄마에게 자기 행동을 이해받지 못해 더 감정적으로 표현하는 모습이다. 타인과의 관계 형성에서 친밀감을 우선시하는 아이에게 화를 내면 아이는 속상한 마음을 더 감정적으로 표현하게 된다. 아이는 존중받는 않았다는 생각에 더 매달리고 집착하게 되는 것이다.

어머니는 명훈이와 친밀감을 형성하고 명훈이의 마음을 헤아려주는 언어 표현을 해야 한다. 명훈이가 책을 많이 가져올 때도 혼을 내기보다 명훈이가 엄마에게 많은 책을 읽어달라고 하고 싶은 마음을 이해해줘야 한다. 부드럽고 상냥하게 "우와! 명훈이는 엄마가 책을 많이 읽어줬으면 좋겠구나!?"라고 명훈이의 마음을 이해해줘야 한다. 엄마가 좋아서 하는 행동들을 오해하고 아이에게 야단만 친다면 아이의 브레인이 상처받는 다는 것을 명심해야 한다.

"야! 이노무시끼야, 왜 이리 말을 안 듣노?"
"(핸드폰만 보고 있다)내가 뭐?"
"아!! 화딱지 난다. 그만해라!"

오늘따라 센터가 시끌벅적하다. 센터 대기실에서 어머니의 목소리가 쩌렁쩌렁하다. 어머니가 아이에게 야단을 치고 있었다. 다른 사람들이 있지만 아랑곳하지 않는 모습이었다. 어머니의 큰 목소리는 다소 위협적으로 들렸다. 아이는 초등 3학년 강우섭이다. 어머니는 우섭이가 날다람쥐처럼 움직이고 산만하다고 했다. 야단을 쳐도 말을 더 안 듣는다고 했다. 그러다 조용하다 싶으면 핸드폰만 한다고 했다. 핸드폰만 볼 때는 더 속이 터진다고 했다. 지금도 계속 핸드폰만 보는 우섭이에게 야단치는 모습이었다.

우섭이는 어머니의 잔소리에 무감각한 모습이었다. 매일 어머니에게 야단을 맞느냐고 우섭이에게 물었다. 우섭이는 "네, 매일 화만 내요."라고 말했다. 나는 아무렇지도 않게 말하는 우섭이를 안아줬다. "우리 우섭이 씩씩하고 대견하네!" 마음이 아팠다. 존중받지 못하는 우섭이가 안타까웠다. 그러나 나 역시 내색하지 않고 격려해줬다. 그리고는 좋아하는 책이 있냐고 물었다. 그랬더니 "슈바이처처럼 의사가 돼서 아픈 사람 고쳐주고 싶어요."라고 말한다.

우섭이는 인생에서 가장 중요한 전두엽이 발달하는 시기로 아이의 인생을 바꿀 수 있는 중요한 때이다. 이때 경험들은 뇌세포를 활성화하기 때문이다. 전두엽은 사고력, 기억력, 추리, 계획, 운동, 감정, 문제 해결뿐만 아니라 모든 정보를 조정하고 행동을 조절한다.

특히, 우뇌 성향이 강한 우섭이는 새로운 경험을 선호하고 정서적 느낌을 선호한다. 타인과 관계 형성에 관심이 높기에 또래 관계가 정말 중요할 때다. 우섭이의 인격을 존중하며, 격려해주고 인정해줘야 한다. 어머니는 우섭이를 사랑받을 만한 가치가 있는 소중한 존재로 존중해주고 믿어줘야 한다. 나는 부모의 신뢰와 사랑이 우섭이의 자존감을 높이게 한다고 했다. 그리고 어머니에게 존 가트맨 · 최성애 · 조벽의 『내아이를 위한 감정코칭』을 권했다.

충동적이고 산만한 우뇌형 아이에게 독서가 우선되기는 어렵다. 그러나 우뇌 성향의 행동 특성을 이해하고 아이가 존중받게 된다면 충분히 좌뇌 기능을 발달시켜 활성화할 수 있다.

그 특성은 타인과 관계 형성에서 친밀감을 우선하고 정서적인 공감력이 높다. 새로운 경험을 선호하고 관심 범위가 넓다. 감정적이고, 충동적이며, 주의 집중력이 약하다. 브레인이 손상되지 않아도 이러한 특성이 나타난다.

이러한 특성을 충분히 이해하고 아이와 정서적인 안정과 친밀한 관계부터 형성시켜야 한다. 아이를 존중하고 사랑하는 마음으로 믿고 기다려줘야 한다. 실수나 실패에 대한 두려움을 견뎌낼 수 있도록 격려해줘야 한다. 이러한 신뢰와 친밀감으로 자존감이 높아지면 독서로 좌뇌를 발달시켜 브레인을 균형 있게 활성화할 수 있다. 부모는 아이의 브레인 성향을 잘 파악해서 아이에게 맞는 독서를 할 수 있게 해야 한다.

•<브레인 독서법> 핵심 포인트

매사에 충동적이고 산만하다면

우뇌 성향이 강한 아이는 충동성과 산만함이 높을 수 있다. 우뇌 성향의 행동 특성을 이해하고 아이가 존중받게 된다면 충분히 좌뇌 기능을 발달시켜 활성화할 수 있다. 신뢰와 친밀감으로 자존감이 높아지면 독서로 좌뇌를 발달시켜 브레인을 균형 있게 활성화할 수 있다.

4

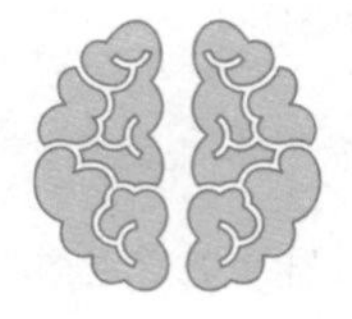

언어 이해력이 약한 아이는 어떻게 할까?

인간의 언어는 본능적으로 타고난다. 언어의 발달은 생후 8개월에서 만 6세(72개월)에 집중적으로 이루어진다. 이 시기는 언어를 습득하는 '결정적 시기'이다. 아이의 언어 발달은 부모(주양육자)의 언어 자극과 경험에 따라 언어 습득이 다르게 나타난다. 듣고 말하기는 좌뇌의 베르니케와 브로카 영역으로 연결되어 이해하고 말하게 된다.

부모가 이 시기에 책을 많이 읽어주면 아이가 자연스럽게 말을 잘 알아듣고 말도 잘하게 된다. 만약 아이가 듣기로 이해가 부족하면 언어 자극을 주기 위해 수다쟁이가 되고, 책 읽기 양을 늘려줘야 한다. 읽기의 반복적인 훈련이 필요하다. 이 모든 자극은 부모와 아이의 상호작용에 있고 이는 아이의 전뇌 발달 성장에 영향을 준다.

아이의 언어 능력이 급격히 성장하는 만 18개월부터 만 6세까지는 듣기와 말하기의 언어가 발달하는 최적기이다. 이때는 아이에게 책을 보여주며 책 읽기가 중요하다. 책을 보여주면 아이는 활자, 음성, 단어, 개념, 이미지 등의 다양한 감각적 학습을 경험하게 된다. 전뇌가 발달하는 시기에 독서가 이루어지면 아이는 인지, 개념, 사회적 발달과 구술과 문자 언어에 익숙하게 된다. 그리고 이 시기 밥상머리 교육은 아이 언어 발달의 말하기에 큰 영향을 준다.

읽기와 쓰기는 초등학교 시기에 이루어진다. 초등 저학년은 전두엽이 발달되는 시기이다. 아이의 전두엽은 미숙하므로 실수는 당연하게 일어난다. 초등 저학년 때는 책을 읽으면서 단어를 해독한다. 문자와 음성의 언어 개념을 익히는 시기이다. 그래서 물리적으로 읽는 어휘와 철자의 양이 경험으로 축적되어야 한다. 초등 고학년 때는 전두엽이 완성되는 시기이다. 이때는 책을 읽고 내용을 통해 사고와 상상력이 생긴다. 그리고 쓰기를 통해 유추와 추론, 비유와 은유를 다양하게 활용하는 경험을 한다. 이는 전두엽 발달이 활성화하고 복잡한 차원의 사고력이 길러진다.

인간의 언어 능력은 브레인에 있다. 브레인의 능력을 믿고 사랑으로 끝까지 노력한다면 변화는 가능하다. 나는 장애아와 비장애 형제 가족은 우리 사회가 더욱 관심을 갖고 서로를 이해해야 한다고 생각한다. 장애아는 변형된 축복임을 믿어야 한다.

지호는 지체 장애아로 초등학교 6학년이고, 사랑이 넘치는 지민이는 초등학교 2학년이다. 지호는 태어날 때부터 아팠다. 어머니는 늦게 결혼해서 힘들게 지호를 임신했다. 어머니는 임신중독으로 지호를 7달 만에 낳았다. 몸무게가 1kg이 안 됐다. 숨을 안 쉬는 무호흡증으로 고비를 여러 번 넘겼다. 너무 작은 지호는 인큐베이터에 5개월 동안 있었다. 지호는 자라면서 신체 발달이 전반적으로 느렸다. 몸이 아파서 병원에 자주 입원을 했다. 지호는 7세 때 정신지체장애 3급을 진단받았다.

지민이를 처음 보았을 때는 오빠 지호와 사이가 좋지 않았다. 지민이가 오빠를 싫어하고 무시했다. 그러나 지호는 지민이를 좋아했다. 나는 한동안 지민이를 따로 만났고 우리는 친해졌다. 그 후 몇 번 지민이와 오빠 지호는 함께 독서 수업을 했다. 그리고 지민이를 한동안 못 만났다. 요즘 지민이는 지호에게 집, 야외 등 어디서든 책을 읽어준다. 지호 책가방에는 항상 책이 1~2권 들어 있다.

지민이가 지호와 함께 센터에 왔다. 오랜만에 만난 지민이는 내가 내준 숙제를 정말 잘하고 있었다. 나는 어리지만 고운 마음을 가진 지민이에게 늘 고마웠다.

"오빠! 책 읽어줄까?"

"응. 평강공주."

"또? 맨날 읽어주잖아! 다른 거 읽어줄게!"

"응. 평강공주."

"크크, 알았어. 오빠야."(경상도 사투리)

지호는 내가 언어치료와 심리치료를 하고 있다. 일주일에 2번 만난다. 지민이는 자주 만나지 못한다. 오랜만에 만난 지민이가 밝게 인사를 한다. 지민이는 언제 봐도 예쁘고 사랑스럽다. 지호도 지민이 따라 환하게 웃는다. 지민이에게 초등학교 생활이 재미있는지 물었다.

"지민아, 학교 친구와 재미있니?"

"네. 애들이 좀 유치하긴 한데 재밌어요."

"하하하, 호호호."(함께 웃는다)

"지민아, 우리 '빙고 게임' 할까?

(자세한 내용은 부록참조)

<브레인 독서법>

우뇌 성향의 활동성 강점 활용하여 이해력 향상

브레인 독서 -『평강공주와 바보 온달』

준비물 : 책 1권, 규칙-짜증내지 않기

1. 순서대로 한 문장 또는 한 페이지씩 소리 내어 읽기
2. 책을 읽고 모르는 단어 밑줄 긋기
3. 밑줄 그은 단어 사전에서 찾아보고 지민이에게 설명해주기

브레인 독서 활동 - [2음절 빙고 게임]

준비물 :『평강공주와 바보 온달』, 빙고 판(3x3, 4x4), 연필, 지우개, 강화물

1. 『평강공주와 바보 온달』 책에 있는 2음절 단어를 빙고 판(3x3)에 적기(서로 가림)
2. 가위바위보를 해서 진 사람부터 하기(이긴 사람은 맨 마지막에 하기)
3. 5줄 완성하면 승!
4. (한 번 더하기)2음절 단어를 빙고 판(4x4)에 적어서 칸 채우기(서로 가림)
5. 5줄 완성하면 승!
6. 승리자 보상하기(뽑기 강화물)

우리 셋은 지호가 좋아하는 동화책 『평강공주와 바보 온달』을 보면서 2음절 단어 빙고 게임을 했다. 오늘 지민이가 이겼다. 지호도 3줄은 맞췄다. 지민이는 재미있다며 내일 학교에서 친구들과 교과서로 해봐야겠다고 했다.

"하나를 가르쳐주면 둘을 아는 똑똑하고 적극적인 지민이 최고!"(엄지척)라며 격려했다.

지민이는 오빠가 매일 『평강공주와 바보 온달』만 읽어 달라고 한다고 했다. 오늘 센터에 온 이유인 것 같았다. 나는 지민이에게 힘드냐고 물었다. 힘든 것보다 좀 재미없어서 읽어주기가 귀찮다고 했다. 나는 지민이 마음을 헤아려줬다. 지민이에게 오늘 했던 빙고 게임들 하는 건 어떠냐고 물었다. 지민이는 재미있을 것 같다고 했다.

나는 지호랑 지민이가 함께할 수 있는 놀이 몇 가지를 더 알려줬다. 지민이가 동화책 읽기를 하고 오빠와 함께하는 놀이인데, 단어 빙고 게임, 다섯 질문 고개, 난화 그리기, 꿈나무 그리기, 그리고 책 주제 그리기 등이다. 책 필사하기를 가르쳐줬다. 지민이에게 하루에 한 가지씩 해도 된다고 했다. 지민이가 재미있어야 한다고 했다. "지민아, 오빠와 놀이를 연습하고, 학교에서 친구들과 할 때는 리더 역할을 하면 돼!"라고 했다. 지민이는 좋다며 싱글벙글했다. 지민이가 웃으니 지호도 웃고 나도 웃었다. 빙고 게임을 이긴 지민이에게 '뽑기' 기회를 줬다. 뽑기로 당첨된 상품은『한국사 만공 시리즈』이다. 지민이는 기뻐하며 상품을 챙겼다.

지호와 지민이는 표정이 밝다. 그리고 지민이는 수다스럽다. 적극적이고 긍정적이다. 가르쳐주면 이해를 잘하고 행동이 빠르다. 지민이는 우뇌 성향으로 좌뇌를 독서로 발달시키고 있는 아이이다. 현재 좌우뇌가 균형적으로 발달하고 있는 모습이다. 지민이가 이해력이 낮은 오빠에게 책을 읽어주면 서로 이해력을 높인다. 나는 마음이 따뜻하고 인성이 바른 지민이의 성장이 기대된다. 지호의 가족은 함께 독서를 한다. 부모와 자녀의 신뢰가 높고 친밀한 관계이다. 지민이와 지호는 책을 좋아한다. 독서는 가족의 신뢰감을 형성하고 서로를 잘 이해하고 공감하는 관계를 형성한다. 부족한 부분을 서로 채워주며 아끼고 사랑하는 사이가 된다. 지호의 가족은 지호의 낮은 지능이 문제 되지 않는다. 긍정적인 이해관계와 사랑으로 살아가는 모습이다.

아이가 이해력이 부족하면 좌뇌의 언어 기능이 약한 우뇌 성향 아이다. 이때 부모는 아이를 믿고 기다리면서 〈브레인 독서〉를 해야 한다. 아이에게 매일 책을 즐겁게 읽어주며 어휘력을 높여줘야 한다. 이는 좌뇌를 발달시켜 활성화하기 위해서다. 부모는 아이의 브레인 발달을 제대로 이해하고 책 읽기를 해야 한다. 이때 매일 읽어주는 책의 양이 축적되면 아이의 브레인 기능이 회복되어 균형 있게 발달된다. 그러면 이때 책 읽기를 시작해야 한다. 책 읽기로 문해 능력이 이루어지면 그때 쓰기를 해야 한다.

우뇌형 아이가 바르고 건강한 독서로 독서 습관이 길러지면 숙련된 독서가로 성장한다. 이는 뇌 신경망이 거대한 네트워크를 형성한다. 아이는 다양한 경험과 통찰로 미래를 예측하고 창조적인 삶을 살게 될 것이다.

•〈브레인 독서법〉 핵심 포인트

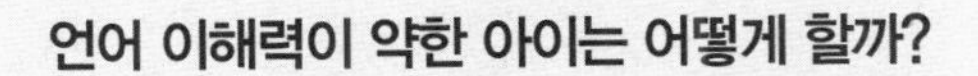

언어 이해력이 약한 아이는 어떻게 할까?

아이가 듣기로 이해가 부족하면 언어 자극을 주기 위해 수다쟁이가 되고, 책 읽기 양을 늘려줘야 한다. 우뇌형 아이가 바르고 건강한 독서로 독서 습관이 길러지면 숙련된 독서가로 성장한다. 아이는 다양한 경험과 통찰로 미래를 예측하고 창조적인 삶을 살게 된다.

5

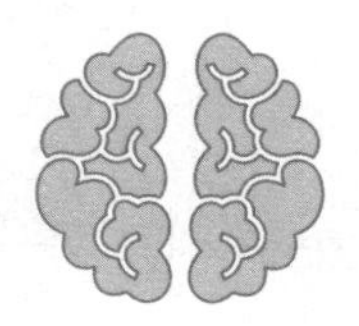

스티브 잡스처럼 우뇌형도 책을 좋아한다

"나는 인문학과 과학 기술의 교차점에서 살아가는 것을 좋아합니다. 어떤 이들은 그들을 보고 미쳤다고 하지만, 우리는 그들을 천재로 봅니다. 자신이 세상을 바꿀 수 있다고 믿을 만큼 미친 자들…, 바로 그들이 실제로 세상을 바꾸기 때문입니다."

'남과 다르다'는 괴짜 인물로 스티브 잡스가 떠오른다.

내가 박사 과정 수업 때 발표했던 주제이다. 교수님은 "비정상이 정상이다. 아이는 특별한 특성을 인정받게 되면 성공할 수 있는 자질이 된다. 인간은 누구나 천재적 속성을 갖고 태어난다. 그런 천재적 속성이 발현

학, 경제학, 재무학, 회계학, 천문학, 물리학의 학문을 발전시켰다. 훈민정음(한글) 창제 등 업적이 많다. 그는 현재 융합 창의적 인재의 대표적 인물이며, 우리 역사상 가장 존경받는 독서왕이다.

스티브 잡스는 과거 천재들과 견줄 만큼 창조적 잠재력을 발현했다. 그의 유년시절은 호기심이 많고 사고뭉치이고 우뇌 성향이 강했다. 그러나 그는 초등 시기 전두엽이 발달할 때 독서와 공부로 브레인의 좌우뇌를 균형적으로 발달시켜 지속적으로 활성화했다. 이는 잠재력의 발현으로 통섭력은 혁신을 이루게 했다.

이제는 4차 혁명 시대로 과학기술에 인문학이 필수적으로 융합되어야 한다. 특히, 인간의 지식이 인문학으로 지혜의 꽃을 피워야 한다고 생각한다. 기계가 아닌 인간의 창조적 지혜가 발현되어야 하는 시대가 열렸다. 그 인문학에 책 쓰기와 1인 창업, 의식확장으로 성공한 사람이 있다. 초, 중, 고 교과서에 16권의 글이 수록된 초등 도서『열 살의 꿈이 미래를 결정한다』의 김태광 저자이다. 2011년 경기도 교육청에서 선정한 '청소년에게 영향력 있는 작가'에 뽑히기도 했다. 아이들에게 꿈과 희망을 키워주려는 바람이 나와 같았다. 독서와 책 쓰기로 좌우뇌를 활성화시켜 천재적 재능이 발현되었다. 나는 그의 저서를 먼저 읽었고 그를 만났다.

"책 쓰기는 내 운명을 바꿔 줄 자기혁명이다."

그의 저서 『성공해서 책을 쓰는 것이 아니라 책을 써야 성공한다』에 있는 글이다. 많은 독서로 저서를 집필하고 출간한 그는 36세 때 135권의 책을 집필해, 최단 기간 최다 집필 공적으로 기네스에 최초로 등재되었다. 그야말로 책 쓰기로 인생이 바뀌었다고 할 수 있는 경우이다. 그가 운영하는 〈한국책쓰기1인창업코칭협회〉에서는 일반인에게 책 쓰기 혁명을 일으키고 있다. 이들은 빠르게 작가가 되고 1인 창업에 도전하고 있다. 일반인에게 '작가의 꿈'을 실현시키고, 경제적 자립을 할 수 있도록 돕고 있다. 그는 작가를 꿈꾸는 사람들에게 "목숨 걸고 도와 드립니다."라고 말하며 천재적 재능이 발현되도록 도와주고 있다.

저서에는 자신의 과거 삶이 그대로 담겨 있다. 어린 시절에 대구시 달성군 유가면 상리에 살았다. 찢어지게 가난했고 마을에서 가장 못살았다. 부모님은 남의 밭을 소작하며 생계를 이어갔다. 누나가 둘 있는 막내로 말을 더듬고 내성적인 성향이었다. 학교에서 친구들의 사소한 말에 상처받았고, 또래들과 어울리지 못했다. 혼자 창문가에서 공상하는 조용한 아이였다. 10대 청소년기에는 공부와 담을 쌓고 지냈다. 숙제를 안 해가서 엎드려뻗쳐로 맞고, 시험 성적이 엉망이라서 맞고, 수업 5분 늦게 들어와서 맞고, 맞는 일이 다반사였다. 학교에서는 아무런 존재감도 없었다. 어린 그는 가난으로 공부와 삶에 지쳐 있었다. 20대 초반까지 꿈도 없었다.

지금은 베스트셀러 작가이자 코치로 눈부시게 성공한 삶을 살고 있다. 자신의 삶을 그대로 책으로 출간했으며, 현재 더 큰 꿈으로 더 크게 성공할 것이라고 확언한다. 그는 사람들에게 희망의 증거가 되고 싶다고 말했다.

"포기하지 않는다면 반드시 꿈이 이루어진다."

『100억 부자의 생각의 비밀』, 『내가 100억 부자가 된 7가지 비밀』 등의 저서에서는 성공을 보여주는 희망의 증거가 되겠다고 선언했다. 성공 비법은 5가지로 '아버지 하느님, 꿈, 나 자신, 우주의 법칙, 상상의 힘'이다.

가난은 그의 삶에서 극복해야 하는 과업이자 원동력이었다. 부유한 친구들은 그에게 자극제가 되었다. "미래를 눈부시게 창조하기 위해서 대체 어떻게 살아야 하나?"를 늘 고민했다. 그 질문으로 그는 작가의 꿈을 갖게 되었고, 눈부시게 성장을 했다.

현재 대한민국에서 '가장 선한 영향력을 미치는 책 쓰기 코치'라고 자부했다. 자신의 경험과 노하우를 여러 사람과 공유한다. 저자의 경력은 화려했고 지금도 진행 중이다. 그는 24년간 210권을 출간한 베스트셀러 작가, 9년간 1,000명의 작가를 배출한 책 쓰기 코치, 출판기획자, ABC엔

터테이먼트 대표, 〈한국책쓰기1인창업코칭협회〉 대표, 유튜브 크리에이터이다.

그의 어린 시절은 조용한 성격으로 순응적인데다 말도 더듬었다고 한다. 전두엽이 발달하는 시기에 브레인을 균형적으로 발달시키지 못한 모습이다. 그러나 20대 들어서면서 강한 집념으로 시집, 소설, 에세이 등 다양한 분야의 책 쓰기는 언어 영역을 활발하게 활성화한 모습이다.

그리고 목표를 세우고 계획하며 실천하는 모습은 강한 좌뇌 성향이다. 전두엽이 활성화되지 않았던 그의 브레인은 꿈을 향해 나아가면서 엄청난 고난과 시련을 겪어야 했다.

수많은 책으로 독서하고 공부한 그는 숙련된 독서가로 이를 극복하고 브레인의 좌우뇌를 균형 있게 발달시켜 활성화했다. 이렇게 발전한 그는 말더듬이 사라졌고, 책 쓰기 달인이 되었다. 현재 대한민국뿐만 아니라 세계 여러 나라에 '책쓰기 1인 창업과 미라클 사이언스 의식 확장' 강연으로 의식 혁명을 일으키고 있다.

우뇌형 스티브 잡스처럼 많은 아이가 초등 시기 전두엽이 발달할 때 독서로 숙련된 독서가가 되길 바란다. 이는 통섭력으로 혁신을 이루는 인문학과 과학의 융합이 독서에 있기 때문이다. 그래서 좌뇌형으로 성공한 김태광 작가에게 1인 창업을 배워 우리나라에서 '1인 지식 창업'으로 혁신을 이루는 미래형 리더로 아이들이 꿈과 희망을 가지기를 바란다.

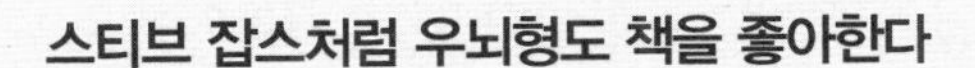

스티브 잡스처럼 우뇌형도 책을 좋아한다

우뇌형 스티브 잡스는 잠재력을 찾아 통섭력으로 혁신을 이루었다. 그는 초등 시기 전두엽이 발달할 때 독서와 공부로 브레인의 좌우뇌를 균형적으로 발달시켜 활성화했다. 이는 통섭력으로 혁신을 이루는 인문학과 과학의 융합이 독서에 있기 때문이다.

6

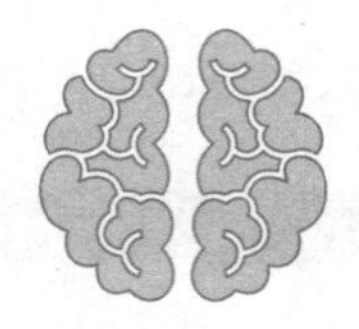

'그림 좋아! 글 싫어!'라고 말하는 아이라면?

"글 싫어!!"(읔~)

"수완아! 글을 읽어야지! 책을 그림만 보면 어떻게 하니!"(버럭!)

"싫어!! 나는 그림만 봐도 안다구!!"(소리 지르고 벌떡 일어선다)

매일 책 읽는 문제로 어머니와 수완이는 전쟁을 치른다. 초등학교 2학년인 수완이는 그림이 있는 책만 보려고 한다. 수완이 어머니는 예전에 우리 옆집에 살던 동생이다. 수완이 걱정으로 전화가 오거나 가끔 만났었다. 며칠 전에도 나를 찾아왔다. 매일 책 보는 것 때문에 수완이와 싸운다고 했다. 수완이가 어머니 때문에 책 보기가 싫다고 씩씩거린다고 한다. 수완이는 친구들과 축구도 잘하고 활발하며 활동적이다. 가족과 함께 여행도 잘 다니고 일상생활에서는 어려움이 없다. 수완이는 지도책이나 『WHY』 책을 좋아한다. 나는 수완이에게 책을 읽어주느냐고 물었다. 어머니는 이제 초등 2학년이라서 책을 읽어주지 않는다고 했다. 스스로 책을 읽어야 할 것 같아서 책 읽기를 시킨다고 했다.

나는 수완이가 그림책을 좋아하는데 어머니가 책 읽기를 시키면 수완이는 잔소리로 듣게 된다. 그러면 어머니도 책도 다 싫어하게 된다. 수완이가 책을 볼 때 모습은 어떠냐고 물었다. 그림책들을 보면서 웃기도 하고 잘 본다고 했다. 그러나 내용을 물어보면 엉뚱하게 말한다는 것이다. 글을 읽지 않으니 내용과 다르게 말한다는 것 같다. 이런 수완이가 걱정되고 불안하다고 했다.

어머니 말을 들으면서 나는 아들의 초등 저학년 때가 떠올랐다. 아들도 유난히 책 읽기를 어려워했다. 나도 그때는 아들에게 책 읽기를 많이 시키면 아들이 책을 잘 읽을 수 있을 것이라고 생각했다. 그래서 그때 아들과 관계가 나빠졌다. 아들은 좋아했던 책도 점차 멀리했다. 공부도 흥미를 잃어 힘들어했다. 나는 어머니에게 나의 아들이 수완이 나이 때 겪었던 일을 얘기했다. 어머니는 나와 아들에게 그런 아픔이 있었는지 몰랐다며 안타까워했다. 부모의 강요에 의한 교육과 독서 지도는 아이를 힘들게 하고 브레인을 다치게 한다. 어머니는 자신은 수완이의 브레인 발달은 생각하지 않았다며 이야기를 듣고 보니 수완이에게 미안하다는 생각이 든다고 했다. 이제 어떻게 해야 하는지 물었다.

수완이 브레인 성향을 분석했다. 수완이는 밝고 명랑하며 시각적인 그림을 선호하는 독서를 좋아했다. 수완이는 우뇌 성향으로 좌뇌의 문해력을 높여야 하는 아이였다. 어휘력이 낮고 글자 익히기가 어려운 아이다. 수완이 독서 습관을 위해 엄마의 〈브레인 독서법〉을 코칭했다. 수완이는 엄마가 읽어주는 책을 통해 즐거운 독서를 하게 해야 한다.(자세한 내용은 부록 참조)

<브레인 독서법>

우뇌 성향 아이의 부모 독서 코칭 3단계

목표 : 우뇌 성향 아이에게 책 좋아지게 하기, 감정 공감하기, 친절한 엄마 되기

1. 라포 형성하기 : 긍정적인 말하기, 부드럽고 친절하기, 웃어주기, 사랑한다 말하기, 하루에 칭찬과 감사 10개씩 말하기, 공감해주기, 잘 들어주기
2. 어머니 매일 독서와 필사하기 : 책 읽기(독서), 책 필사하기

3. 매일 수완이 책 읽어주기 : 수완이 책 읽기 안 시키기, 잠든 후 1권 읽어 주기 -> 수완이가 읽어 달라는 책 읽어주기(매일)

어머니에게 이렇게 하면서 수완이와 즐거운 시간을 많이 보내라고 했다. 어머니가 약속을 잘 지켜나가다 보면 아이는 부모의 일관된 행동을 보며 자연스럽게 독서가 훈련된다.

일주일 후 수완이 어머니에게 연락이 왔다. 가족이 해외여행을 간다고 한다. 그런데 수완이가 여행에서 본다며 책을 몇 권 챙겼다는 것이다. 어머니는 어떻게 말해야 할지 몰라서 연락했다고 한다. 어머니의 생각은 어떠냐고 물었다. 책을 챙기는 수완이 행동이 놀라웠지만 여행에서 책을 보는 건 아니라는 생각이 든다고 했다.

나도 어머니처럼 아들이 어릴 때는 양육과 교육이 늘 어려웠다. 상황에 따라 이게 맞을까? 어떻게 가르쳐줘야 할까? 늘 의문이 많았다. 수완이 어머니의 말에 공감이 되었다.

"수완이가 좋아서 책을 챙기는 거라면 지켜보는 건 어떨까?"

부모는 어떤 상황에서도 이래라! 저래라! 잔소리하지 않아야 한다. 아이의 행동을 이해하고 응원해줘야 한다. 그러면 아이는 믿어주는 부모를 신뢰하게 된다. 부모의 말을 잘 듣는 아이가 된다. 아이가 실수해도 '괜찮아! 너를 이해해. 실수하는 것은 당연해.'라고 말해줘야 한다. 혼을 내고 잔소리하면 아이의 브레인이 다친다. 이를 명심해야 한다. 나는 수완이 어머니에게 아이를 믿고 모든 상황을 긍정적으로 보면 마음이 평안해진다고 말했다.

'배움은 삶을 즐겁게 한다.'라는 진리를 나는 깨닫고 싶었다. 학사(경영, 심리상담), 석사(언어치료), 박사 수료(교육)까지 공부하면서 20년 넘도록 학문과 자기계발로 책을 보았다. 나는 글보다 그림과 사진을 더 좋아한다. 오랫동안 기억에 남기 때문이다. 그러나 내가 본 책들은 대부분 글로 되어 있다. 글이 많은 전문적인 내용은 여러 번 읽어야 겨우 이해를 했다. 나는 공부가 정말 어려웠다. 그래서 공부할 때 그림을 활용하면 잘 기억이 된다.

나는 우뇌 성향이 강하다. 이런 나에게 공부는 어려운 일이었다. 나의 브레인은 좌뇌 발달을 강하게 끌어당겼다. 배움이 필요한 나는 학문과 독서를 선택했다. 너무 어려워서 포기하고도 싶을 때가 많았다. 어려운 형편에 빚내서 공부하기에 포기할 수도 없었다. 무조건 해야 하는 상황은 나에게 시련이었다. 견뎌내면서 공부한 나는 좌뇌를 강하게 발달시켰다.

지금까지 공부한 심리, 상담, 교육과 브레인을 융합하여 아이들의 성장에 비전을 제시해주고 싶었다. 비전은 누구나 가능한 방법으로 쉽게 이해가 되어야 했다. 나는 노력만으로 누구나 성공 가능한 〈브레인 독서법〉을 연구했다. 상담, 교육, 치료를 포함해서 강한 브레인(전두엽)을 만드는 방법이다. 자신을 성공시킬 수 있는 〈브레인 독서법〉은 혁신이다. 특히, 전두엽이 발달하는 초등 시기에 독서 습관은 잠재력을 발현시킬 성공 확률이 매우 높다.

브레인 성향은 유아 때 전뇌가 발달하면서 초등 시기 전두엽에 형성된 뉴런과 시냅스들로 나타나는 언어와 행동들이다. 좌뇌 성향은 좌뇌가 더 발달되어 나타나는 행동 특징이다. 이는 가장 크게 언어와 이해력이 높다. 말을 잘 알아듣고 순응적인 모습이 많으며 익숙한 경험을 선호한다. 사실적인 상황 분석으로 논리적으로 말을 잘한다. 하지만 관계 형성에서 공감력이 낮고 타인의 감정 이해가 부족하다. 초등 시기 좌뇌 성향은 공부를 잘하는 모습이 많이 나타난다. 그렇지 않으면 좌뇌가 다쳤는지 잘 살펴보아야 한다. 좌뇌는 잔소리를 많이 들으면 브레인이 상처를 받는다. 아이에게 부정적인 말은 좌뇌 기능을 훼손한다.

우뇌 성향은 우뇌가 더 발달되어 나타나는 행동 특징이다. 이는 가장 크게 새로운 경험을 선호하고 호기심이 강하고 도전적이다. 타인과의 관계 형성에서 친밀감을 우선하고 정서적인 공감과 감정 표현을 잘한다. 충동성이 높고 주의 집중력이 낮다. 아이들 중에 우뇌 성향이 강하고 좌뇌 기능이 약한 경우에는 강한 호기심과 충동성을 문제행동으로 볼 수 있다. 이를 잘 구분하는 것은 매우 중요하다. 이를 문제행동으로 이해하면 브레인이 심하게 다칠 수 있으므로 잘 살펴보아야 한다. 우뇌는 폭력을 당했을 경우 훼손될 가능성이 높다. 그래서 아이에게는 절대 폭력을 행사하면 안 된다.

부모는 초등 아이가 독서로 꿈을 갖게 하고 잠재력을 찾도록 도와줘야 한다. 이때 가장 중요한 가르침은 긍정적인 생각으로 역경을 잘 견뎌내는 것이다. 부모가 모범이 되어 아이에게 긍정적인 삶의 자세를 보여준다면 아이는 자신의 역경을 수용하며 견뎌낸다. 역경을 지혜로 견뎌내게 할 수 있는 독서는 아이의 미래를 행복하게 한다. 이제 아이의 독서를 긍정적으로 바라보며 브레인 성향을 파악해야 한다.

"그림 좋아! 글 싫어!"라고 말하는 아이에게 이렇게 말해보자!

아이 : "나는 그림이 좋아!"

부모 : "그래, 천재적 재능이 있네."

아이 : "나는 글은 싫어!"

부모 : "괜찮아, 그림이 좋으면 글도 좋아하게 될 거야!"

• <브레인 독서법> 핵심 포인트

'그림 좋아! 글 싫어!'라고 말하는 아이라면?

우뇌형 수완이는 밝고 명랑하며 시각적인 그림을 선호하는 독서를 좋아했다. 좌뇌의 문해력을 높여야 하는 아이였다. 어휘력이 낮고 글자 익히기가 어려운 아이다. 수완이는 엄마가 읽어주는 책을 통해 즐거운 독서를 하게 해야 한다.

7

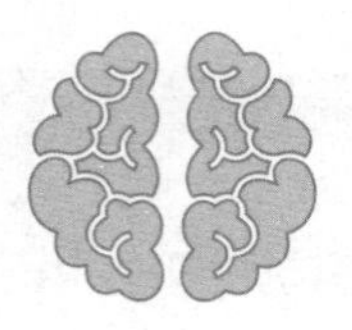

학교 가기 싫은 아이를 독서로 바꿀 수 있다

아이는 왜 학교에 가기 싫어할까? 그럼 학교 가기 싫은 아이를 학교에 꼭 보내야 할까? 아이를 키우는 가정에서는 일어날 수 있다. 아이가 학교에 가기 싫은 것은 학교 적응이 어려운 아이의 문제로 보인다. 아이를 대하는 부모의 자세는 어떠한지 생각해보아야 한다. 아이의 문제는 부모의 문제라는 점으로 받아들여야 한다. 부모는 아이에게 모든 것을 허용하는 태도와 통제하는 태도가 있다. 부모가 이를 모르고 행동하는 태도에서 아이의 문제행동이 나타난다.

아침부터 앞집은 시끌시끌하다. 혜수가 학교 안 간다고 소리를 지른다. 혜수 목소리가 쩌렁쩌렁 아파트에 울려 퍼진다.

"싫어, 싫다구! 학교 안 갈 거야! 으~~앙!"(크게 소리 지르고 운다)

초등학교 1학년인 혜수는 입학 후 일주일 만에 학교에 가기 싫다며 징징거린다. 어머니는 나에게 여러 차례 혜수를 걱정하며 묻곤 했다. 혜수가 학교에 안 가려는 가장 큰 이유는 선생님과 친구 때문이라고 한다. 혜수는 7세 어린이집 선생님과 학교 담임 선생님, 어린이집 친구들과 같은 반 친구들을 비교한다.

혜수는 반 친구가 물건을 자꾸 만져서 싫다고 "만지지 마라!"라고 말했다. 그런데 친구는 혜수 물건을 자꾸 만졌다. 혜수가 선생님께 친구를 혼내 달라고 말했다. 선생님은 혜수에게 친구를 고자질했다며 친구와 함께 혼났다고 한다. 혜수는 선생님이 공평하지 않다며 선생님도, 친구도, 학교도 싫다고 한다. 어머니는 혜수가 학교에 안 가겠다고 떼를 쓰면 학교에 안 보냈다.

어제 혜수 어머니가 집으로 찾아왔다. 혜수 걱정으로 근심이 많아 보였다. 혜수가 학교를 자주 결석해서 담임 선생님이 걱정되어 연락이 왔다고 한다. 어머니는 담임 선생님에게 혜수가 감기로 아프다고 했다. 담임 선생님에게 전화도 오고, 결석이 3일째라 내일은 혜수를 학교에 보내야 한다고 했다. 나는 혜수가 내일도 학교에 안 가게 되면 연락을 달라고 했다.

혜수의 마음을 헤아려주는 책을 추천해줬다. 어머니가 먼저 읽고 혜수에게 읽어주라고 했다. 비룡소의 『학교 가기 싫어』와 로렌 차일드의 『난 학교 가기 싫어』이다. 혜수가 선생님에게 혼난 일에 대해 속상한 마음을 헤아리고 품어줘야 한다고 했다.

오늘 등교 거부를 했다는 또 다른 아이와 어머니를 오후에 만났다. 초등학교 2학년인 성훈이다. 성훈이는 집에서 나와 학교에 가지 않았다. 돈이 있을 때는 PC방에 갔었고, 돈이 없을 때는 근처 도서관에 갔다. 성훈이가 학교에 안 오면 담임 선생님이 어머니에게 "성훈이가 학교에 안 왔어요."라며 연락이 온다고 했다.

어머니는 1학년 때부터 학교에 안 가는 성훈이를 많이 혼냈다. 2학년 담임 선생님은 성훈이가 빈번하게 학교에 오지 않자 성훈이 상담을 권했다고 한다. 어머니는 화가 많이 나셨는지 말이 빠르고 목소리도 거칠었다. 그리고 표정은 많이 지쳐 보였다.

"우리 성훈이는 뭐가 제일 힘들까? 선생님한테 말해줄 수 있어?"

"엄마가 무서워요. 그리고 학교는 재미가 없어요."

나는 성훈이를 꼬옥 안아주었다. 어머니, 아버지는 자주 싸우고 그럴 때 제일 무섭다고 했다. 그러고나면 엄마가 자기에게 화를 낸다고 했다. 어떤 날은 어머니가 일어나지 않을 때도 있다고 했다. 그럴 때는 학교에 안 간다고 했다. 굶는 날도 많았다. 성훈이는 슬프고 외로운 아이였다. 성훈이에게 친구는 있냐고 물었다. 친구들이 자기와 안 놀아준다고 했다.

담임 선생님은 어떠냐고 물었다. "나쁘지는 않지만 좋지도 않아요."라고 했다. 관계 형성이 원만하지 않았다. 부모가 있지만 보호받지 못했다. 성훈이는 집에서도, 학교에서도 정서적으로 많이 불안했다. 성훈이에게 책을 읽을 수 있는지 물었고, 최숙희의 그림책 『괜찮아』를 읽게 했다. 성훈이는 책도 잘 읽고 내용 이해도 잘했다.

"성훈아, 책을 아주 잘 읽고 내용 이해도 잘하네. 성훈이도 괜찮을 테니까 걱정하지 마! 선생님이 성훈이가 집에서도 학교에서도 잘 지낼 수 있도록 도와줄게. 약속!"(새끼손가락을 건다)

"네…."

성훈이는 수줍은 듯이 웃었다. 나는 성훈이에게 학교에 가서 책을 읽을 수 있도록 도서관 이용 방법을 알려줬다. 그리고 담임 선생님과 통화해서 성훈이의 상황을 설명했다. 선생님은 성훈이의 상황에 공감했다.

학교에 오면 잘 도와주겠다고 했다. 나는 성훈이에게 "내일 학교에 가면 담임 선생님이 잘 도와주실 거야!"라고 했다. 나는 성훈이에게 학교에 적응이 될 때까지 센터에 다녀야 한다고 했다. 성훈이는 알겠다며 고개를 끄덕거렸다.

어머니에게 성훈이가 학교에서 책을 보게 되면 학교 적응을 잘하게 될 거라고 말했다. 어머니는 자기 때문에 성훈이가 방황하는 줄 몰랐다며 눈물을 흘리며 성훈이에게 미안해했다. 내일부터는 성훈이가 등교할 때 잘 챙기겠다고 한다. 지금부터 성훈이와 신뢰 관계를 회복해서 성훈이가 학교에 잘 적응할 수 있도록 해야 한다고 했다. 나는 "성훈이의 브레인이 더 이상 상처받지 않아야 해요."라고 말하고, 어머니에게 성훈이와 함께 센터에 함께 오면 부모 교육과 〈브레인 독서법〉에 대한 코칭을 해주기로 했다.

나는 요즘 아이들이 학교 적응 문제로 상담이 있을 때마다 내 아들의 초등학교 때가 생각난다. 아들이 초등학교 입학을 앞뒀을 때 학교 적응 문제로 고민이 많았다. 학교생활의 기본은 등교다! 첫 단추가 중요하다고 생각했다. 내가 걱정하고 불안하면 아들이 더 불안해할 수 있다는 생각이 들어 내색하지 못했다. 나는 겁이 많은 아들과 조카를 함께 초등학교에 보내기로 했다. 그래서 주소를 여동생 집으로 전입 신청을 했다. 나는 매일 여동생 집으로 아들을 태워주고 출근했었다. 아들은 여동생 집에 있다가 조카와 함께 학교에 다녔다. 그리고 저녁에 책을 읽어줬다.

"찬이 오라버니, 아직 거기 있지?"

"…."

"찬이 오라버니, 어디 안 갔지? 어디 가면 안 돼."

아들은 『여우누이』라는 책을 무서워하면서도 좋아했다. 책이 무서워서 혼자는 못 보고 나에게 읽어달라고 했다. 내 옆에 꼭 붙어 앉아 무서워하면서 잘 듣고 있다. 나는 책 내용을 조금 각색해서 읽어줬다. 책을 다 읽고 나는 아들에게 말했다.

"여우가 무섭지? 학교 안 가고, 거짓말하면 여우가 잡아먹겠지?"

"네."

"아들, 집에서는 엄마 말 잘 듣잖아. 학교에서는 누구 말을 잘 들어야 할까?"

"선생님!"

"그렇지, 맞아. 집에서는 사촌 동생들하고 잘 놀잖아. 학교에서는 누구랑 잘 놀아야 할까?"

"민준이?"

"그래, 민준이랑도 잘 놀고 다른 친구들하고도 잘 놀아야 해. 알았지?"

나는 아들이 좋아하는 책을 한 권 읽어주면서 '학교에 잘 다녀야 해!'라며 다짐을 했다. 아들은 초등 1학년 때 조카와 같은 반이 되었다. 다행히 조카와 다니면서 학교는 잘 다녔다. 나는 아들이 초등학교 다닐 때 학교 적응을 위해 책을 많이 검색했다. 주로 학교, 친구, 놀이, 적응, 사회성에 관한 내용이다. 감정에 관한 책은 용기, 행복, 화, 두려움 등에 관한 책을 한 권씩 구매해서 아들에게 읽어줬다. 아들은 예쁜 그림책을 좋아해서 그림책은 직접 읽게 하기도 했다. 서점이나 도서관에 가서 관련 도서를 빌려오기도 했다. 아들에게는 학교 도서관에서 책을 빌려오게 시키기도 했다.

아이가 초등 저학년일 때는 책을 통해 아이와 소통하고 함께 공감해야 한다. 그러면 아이의 학교생활, 친구 관계, 선생님에 대해 자연스럽게 알 수 있다. 아이는 엄마가 궁금해서 묻는 모든 질문에도 편안하게 얘기해 준다. 독서를 통해 아이와 소통하고 아이에게 용기와 도전을 응원해줄 수 있다. 초등 저학년 때 학교 가기 싫을 수 있다. 이럴 때 부모는 아이의 마음을 잘 헤아리고 기회를 줘야 한다. 아이와 함께 독서를 하면서 아이의 마음을 바꿀 수 있다. 그러면 아이는 스스로 학교가 얼마나 즐겁고 행복한 곳인지 알게 된다.

•〈브레인 독서법〉 핵심 포인트 

학교 가기 싫은 아이를 독서로 바꿀 수 있다

아이는 왜 학교에 가기 싫어할까? 초등 저학년 때 학교 가기 싫을 수 있다. 이럴 때 부모는 아이의 마음을 잘 헤아리고 기회를 줘야 한다. 독서를 통해 아이와 소통하고 아이에게 용기와 도전을 응원해줄 수 있다. 그러면 아이는 마음을 바꾸고 스스로 학교가 얼마나 즐겁고 행복한 곳인지 알게 된다.

8

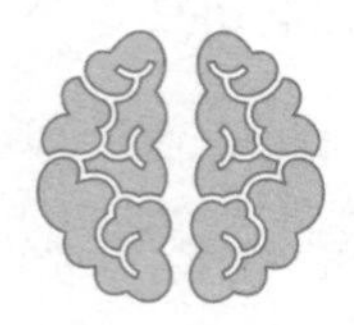

부모와 아이가 함께하는 <브레인 독서법>

책 읽는 부모와 아이는 자연스럽게 독서가 습관이 된다. 이러한 독서 습관은 창의적 잠재력을 발현시키게 될 것이다. 4차 산업혁명에서 국가 경쟁력은 과학과 인문학의 융합창조이다. 그러나 우리나라 성인의 독서량은 줄어들고 있다고 한다. 2017년 성인 연간 독서량이 우리나라는 8.3권, 일본은 40권, 이스라엘은 60권이다.

초등 아이가 부모가 되는 20년 후에는 우리나라는 166권, 일본 800권, 이스라엘 1,200권이 될 전망이다. 시간이 지날수록 엄청난 차이가 난다. 보이지 않는 독서의 잠재력이 쌓인다. 우리가 이스라엘처럼 20년에 1,000권 이상 읽는 수준이 되려면 초등 때에 독서 습관이 길러져야 한다.

그러면 4차 산업혁명시대 '창조적 사고력'을 갖게 될 것이다.

"부모의 바람은 자식이 글을 읽는 것이다. 어린 아들이 글 읽으라는 말을 듣지 않고도 글을 읽으면, 부모치고 기뻐하고 즐거워하지 않는 사람이 없다. 아아!! 그런데 나는 어찌 그리 읽기가 싫어했던가?"

연암 박지원의 말처럼 '아이의 책 읽는 소리는 부모의 마음을 풍요롭게 한다.' 조선 최고의 문장가인 연암은 열여섯 살에 본격적인 독서와 공부를 했다. 그의 집안은 명문가였지만 너무 가난해서 제대로 배우지 못했다. 연암은 가난으로 공부하지 못했기에 두 아들 교육에 소홀하지 않았다. 과거시험을 보는 아들에게 편지를 보내기도 하고, 책 읽기를 강조하기도 했다. 그는 엄하면서도 자상한 아버지였다. 연암은 메모 습관으로 중국에서 3개월 동안 겪은 모든 여정과 느낌을 자세히 기록했다. 이렇게 메모해서 쓴 책이 중국 여행기 『열하일기』이다. 그는 이렇게 오늘날까지도 문학작품으로 우리에게 영감을 준다.

연암은 책을 두세 번 반복해서 읽고 메모는 치밀하게 했다. 그는 독서 습관과 메모 습관으로 당대 최고의 문장가가 되었다. 연암은 자녀에게 '책을 소홀히 다루는 아들에게'라는 제목으로 편지를 보내 책 읽기를 강조했다. 부모가 독서를 하면 자녀에게 자연스럽게 독서를 권할 수 있다.

연암은 부모도 독서를 해야 한다고 강조하고 있다.

그는 그림, 시문에 재주가 뛰어나고 친밀한 관계들에서 우뇌 성향이 강하게 나타난다. 16세 때 독서와 공부로 좌뇌를 강하게 발달시켰다. 어릴 때 강했던 우뇌 성향에 끊임없이 노력한 독서와 메모 습관은 좌뇌를 강하게 했다. 연암은 독서로 브레인의 강한 좌우뇌를 발달시키고 지속적으로 활성화했다. 그는 잠재력이 발현되어 '최고의 문장가'가 되었다.

〈독서논술〉을 운영하는 희진이가 부모 상담에 대해 코칭을 받겠다며 찾아왔다. 희진이는 독서논술 세미나에서 만난 동생이다. 그녀는 〈브레인 독서 코칭〉에 대해 관심이 높다. 자녀 의존형 부모의 상담과 문장 이해력이 느린 아이의 지도에 대해 조언을 구하고 싶다고 했다. 그녀는 독서논술 운영을 5년째 하고 있다. 초 · 중 · 고 아이를 대상으로 독서논술과 자기 주도 학습을 한다. 그녀는 아이들을 지도하는 것보다 부모 상담이 더 어렵다고 했다.

부모는 맞벌이로 초2, 6살 남매를 키운다. 큰아이가 독서논술에 다니는 지혜이다. 부모가 늦게 퇴근하면 지혜는 남동생과 저녁을 챙겨 먹고 동생에게 책을 읽어준다고 한다. 부모는 지혜가 착하고 똑똑한 효녀라고 했다. 책을 읽고 이해도 잘하며 질문에 대답도 잘한다. 그러나 독서논술 수업을 할 때 질문은 전혀 하지 않는다고 한다. 그룹 수업에서도 지혜는 자신의 의견을 말하기보다 친구들 의견에 동의하는 경우가 더 많다고 한다. 희진이는 똑똑하고 말도 잘하는 지혜의 태도를 이해하기 힘들다고 했다. 그리고 지혜 어머니는 지혜가 소심한 성격이라 말을 잘 못한다고 했다. 하지만 지금은 책도 잘 읽고 이해를 잘한다며 지혜의 태도에 대해 문제가 없다고 한다. 하지만 희진이는 뭔가 이상하고 어머니에게 어떻게 설명해야 할지 모르겠다고 했다.

어린 지혜는 어머니와 동생을 잘 이해하고 도와주는 모습이다. 좌뇌 성향의 아이는 '착한 아이 콤플렉스'를 보이기도 한다. 지혜는 동생을 돌보며 엄마에게 칭찬받으면서 자기 감정에 대한 표현을 안 하는 모습이다. 지혜는 조용하고 순응적이며 이해력이 좋은 좌뇌 성향으로 우뇌를 발달시켜야 하는 아이이다. 자기 감정 표현과 공감력이 약한 지혜는 타인과의 관계에서 내향적인 모습을 보이게 된 것이다.

부모는 지혜의 브레인 성향을 잘 이해하고 우뇌 기능을 발달시켜야 한다. 그래서 나는 희진이에게 지혜와 감정 관련 도서를 소리 내어 읽게 하고 언어적 감정 표현을 훈련하도록 했다. 그리고 어머니에게는 지혜의 변화를 지켜본 후에 만나서 이야기를 해보라고 했다. 어머니가 지혜의 브레인 성향을 이해하고 어머니의 태도가 달라지면 지혜는 더 빠르게 변화될 것이다.

부모는 내 아이에 대해 잘 안다고 생각한다. 하지만 전두엽이 발달하는 초등 시기는 사고력이 급성장한다. 아이의 브레인 성향을 이해하면 독서를 더 효율적으로 할 수 있도록 도울 뿐만 아니라 습관, 자세, 태도, 사회성, 공부 등 모든 것들을 바꿀 수 있는 시기이기도 하다.

부모는 아이의 효과적인 독서를 위해서라도 부모와 아이의 브레인 성향을 파악해야 한다.

"시혁아, 천천히 읽어볼래?"

"… ."

지혜와 완전히 반대인 시혁이는 책을 안 읽는다고 한다. 독서논술 수업은 일주일에 2번 잘 오는데 책도 안 읽고, 질문에 대답도 안 하고, 쓰기도 안 했다. 시혁이는 초등학교 1학년으로 독서논술을 시작한 지 2개월쯤 되었다고 한다. 어머니와 통화에서는 시혁이가 밝고 말도 잘하고 독서논술도 좋아한다고 했다. 그러나 시혁이가 수업시간에 즐거워 보이지는 않았다. 그나마 간식 먹을 때는 말도 잘하고 표정도 밝았다.

희진이는 독서논술 수업을 하지 않을 때는 시혁이에게 아무런 문제를 느끼지 못하겠다고 한다. 그런데 수업을 하면 꼼짝을 안 한다고 했다. 글자를 몰라서 그런가 싶었는데 글자는 다 안다고 했다. 하지만 글을 천천히 읽는다고 한다. 어떻게 해야 할지 모르겠다고 했다.

시혁이는 한글부터 하나씩 다시 점검해야 할 아이로 보인다. 우선 쉬운 글자와 문장부터 읽어주면서 익혀야 하고, 읽기는 초성단어 읽기부터 시작해서 종성단어까지 확장한다. 점차 2문장씩 증가해서 읽게 하고 어휘력을 높여줘야 한다. 독서는 그림 동화책을 읽어주고 독서활동으로 재미있게 해야 한다. 글자를 쉽게 익히고 어휘력이 늘어서 책이 재미있게 만들면 된다. 시혁이에게 나타나는 행동 특성은 우뇌 성향으로 좌뇌를 발달시켜야 하는 아이이다. 우선 독서논술에서 진행해본 후 어머니와 상담을 하면 된다고 했다.

초등 아이는 전두엽 발달이 이루어지고 있는 시기이다. 아이마다 브레인 성향이 모두 다르다. 무조건 책을 많이 읽고 쓰게 하는 것보다 아이의 브레인 성향에 맞게 이루어지면 쉽게 독서를 할 수 있다. 브레인 성향은 전두엽의 발달 상태에 따라 나타나는 행동 특성이다.

브레인 성향은 부모와 아이가 같거나 다를 수 있다. 이는 부모 우뇌형/아이 우뇌형, 부모 우뇌형/아이 좌뇌형, 부모 좌뇌형/아이 우뇌형, 부모 좌뇌형/아이 좌뇌형이 있다.

부모와 아이가 함께하는 독서법은 모두 다르다. 그러나 브레인 성향을 이해하고 부모와 아이가 함께 〈브레인 독서법〉을 하게 되면 쉽고 재미있게 할 수 있다. 이러한 〈브레인 독서법〉은 부모와 아이에게 가장 효과적으로 독서의 즐거움을 알게 해준다. (자세한 내용은 부록 참조)

<브레인 독서법>

부모와 아이가 함께하는 〈브레인 독서법〉의 효과

1. 부모는 아이의 브레인 성향을 이해하고 절대 부정적인 말을 하지 않게 된다.
2. 부모와 아이가 함께하는 독서는 독서 습관으로 이어진다.
3. 부모와 아이는 독서를 통해 친밀한 관계 형성과 공감력을 기른다.
4. 부모와 아이는 독서를 통해 신뢰감을 형성하고 사교성이 길러진다.
5. 부모는 아이의 잠재력을 발견하고 발현할 수 있도록 도와준다.
6. 아이는 초보 독서가에서 심화 독서가로 성장하고 이는 공부 습관으로 이어진다.
7. 아이는 꿈이 생기고 그 꿈을 이루려고 독서하고 공부하게 된다.
8. 아이는 창의적 잠재력을 발현시키려고 끊임없이 노력한다.
9. 아이의 창의적 잠재력은 미래에 혁신을 이룬다.
10. 아이는 긍정적인 삶을 살아가며 행복하다.

•〈브레인 독서법〉 핵심 포인트

부모와 아이가 함께하는 〈브레인 독서법〉

전두엽이 발달하는 초등 시기는 사고력이 급성장한다. 아이의 브레인 성향을 이해하면 독서를 더 효율적으로 할 수 있도록 도울 뿐만 아니라 습관, 자세, 태도, 사회성, 공부 등 모든 것들을 바꿀 수 있는 시기이다. 부모와 아이의 브레인 성향을 이해하고 함께하는 독서는 독서 습관으로 이어진다.

4장

내 아이 기질과 성격에 맞는 8가지 독서 코칭

아이야!

– 권정순

아이야!

(중략)

너만은

항상 기뻐해라.

꿈속에서도 즐거워해라.

너만이라도

사람의 말은 하늘에 아뢰고

하늘의 말은 사람에게 전하며

생글생글 웃는 아이야!

누가 뭐래도

지금처럼

하늘의 꽃으로 한 생을 살아라.

1

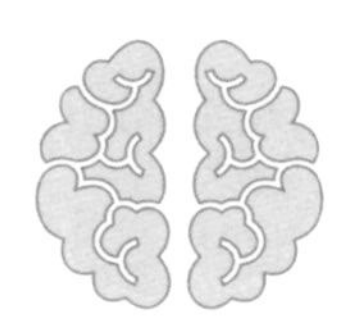

읽기 능력에 힘을 기르는 브레인 독서 코칭

"재주가 남만 못하다고 스스로 한계를 짓지 말라. 나보다 어리석고 둔한 사람도 없겠지만 결국에는 이름이 있었다. 모든 것은 힘쓰는 데 달렸을 따름이다."

이 글은 백곡 김득신이 자신의 '묘비문'에 쓴 글 중 일부이다. 그는 조선 중기 문신 다독 시인으로 자신만의 독창적인 문장 세계를 열었다. 효종은 그의 시를 두고 "당시(唐詩)에 넣어도 부끄럽지 않다."라고 칭찬을 아끼지 않았다.

그는 어려서 천연두를 앓고 난 후 우둔해졌다. 열 살이 되어서야 글을 깨칠 수 있었다. 글을 배운 후에도 같은 책을 석 달 내내 읽어도 첫 구절조차 기억하지 못했다. 그러나 그의 아버지는 "태몽에 노자가 나타났다고 하여 대학자가 될 거다."란 기대를 하며 믿고 기다려주었다. 그런 아버지께 보답하고자 그는 읽고, 읽고, 또 읽으며 끊임없이 읽으며 노력했다. 그렇게 1만 번 이상 읽은 책이 36권이며, 사마천의 『사기』의 '백이전'은 11만 3천 번을 읽었다. 그래도 그는 포기하지 않았다. 그는 마침내 59세에 과거 급제를 했다. 그는 읽기의 달인이자 독서광이 되었다.

초등학교 4학년 현수는 또래 아이보다 이해와 표현 능력이 현저히 낮았다. 책을 읽어주면 앞부분 내용은 잊었고 그림은 부분만 기억했다. 현수는 책을 읽으려 하지 않았다. 책 자체에 흥미가 없었다. 책 한 권을 매주 3회씩 읽어줬다. 7회 차쯤에 그림과 내용을 연결하여 말하기 시작했다. 시간이 지날수록 내용을 기억하고 있었다. 현수에게 같은 책을 반복해서 읽어줬더니 편안한 표정으로 들었다. 그리고 책 내용을 말할 때 기억나는 부분에서는 목소리가 컸다. 자신감이 생겼다. 나는 이영서의 『책 씻는 날』이란 책을 가져와서 현수에게 질문했다.

"현수야, 이 책 제목이 뭐야?"
"책 씻는 날요."
"응, 그래 그런데 왜 책을 씻는 날일까?"

"책이 더러우면 씻어야 하니까요."

현수와 나는 크게 웃었다. 크크크, 하하하. 나는 "그렇지! 책이 더러워지면 씻어야 하지! 현수가 멋지게 대답을 잘하네!" 하며 머리를 쓰다듬어줬다. 현수의 재미있는 대답에 나는 그만 크게 웃었다. 현수도 따라 웃었다. 현수는 책에 관심을 가지기 시작했다. 처음에 내가 책을 들고 올 때는 표정이 어두웠다. 그리고 질문에 대답도 하지 않으려고 했다. 책을 읽어줘도 책 내용을 듣지 않은 듯 움직임이 많고 산만했다. 내가 강화물로 간식을 줬을 때는 간식에만 집중했다. 현수를 만날 때마다 같은 책을 책상에 올려뒀다. 현수는 점점 책에 관심을 가지는 아이로 변했다. 이 책은 현수가 좋아하는 책이 되었다. 자신과 비슷한 김득신을 보며 바보라고 놀리기도 했다. 하지만 끝까지 책을 읽고 장원급제한 김득신을 보고 현수도 할 수 있다고 자신감 있게 우리는 외쳤다.

"나는 할 수 있다. 나는 책을 좋아한다. 나는 똑똑하다."

자신감 있게 외치는 현수를 보니 가슴이 뭉클해졌다. 나는 "현수는 김득신보다 훨씬 똑똑하고 잘할 수 있어!"라고 말해줬다. 현수가 환하게 웃으면서 "당연하죠!"라고 말했다.

현수 어머니는 현수에게 책을 어떻게 보게 해야 할지 너무 어려웠다고 했다. 현수가 책을 싫어했고 짜증을 냈다고 한다. 그래서 어머니는 책을 읽어주려고 하지도 않았다고 한다. 그리고 현수가 말을 안 들을 때는 화가 나서 소리칠 때도 많았다고 했다. 서로 싸우는 경우가 많았고, 현수는 어머니를 신뢰하지 않았다. 아이가 책을 좋아하게 하려면 어머니와 아이는 서로 믿고 친밀한 사이가 되어야 한다.

아이의 전두엽 발달이 이해되면 책 읽기 능력을 강화할 수 있다. 아이의 전두엽 발달 성향으로 반복적인 독서 훈련이 이루어지기 때문이다. 아이가 책을 좋아하고 싫어하는 이유가 분명히 있다. 아이가 책 읽기를 좋아하면 다양한 책으로 아이의 전두엽 발달이 이루어지도록 해야 한다. 반면 아이가 책을 싫어하게 되면 그 이유부터 찾아야 한다. 부모는 아이의 전두엽 발달 성향을 파악해서 이해해야 한다. 전두엽의 발달 상태는 아이의 인지, 정서, 행동, 태도, 습관을 보면 알 수 있다. 우리의 감각 정보는 눈(시각), 귀(청각), 코(후각), 혀(미각), 피부(촉각)를 통해 뇌에서 인지한다. 초등 아이는 과도한 인지 학습으로 스트레스가 생기고 있는지 잘 살펴보아야 한다.

"인지 교육을 중심으로 한 조기 교육은 아이에게 정신적 스트레스를 일으킨다. 이는 아이에게 언어 발달 지체, 정서 불안, 자폐, 과잉 행동, 틱 등의 심각한 문제를 가져온다." 연세대 강남세브란스병원 소아정신과의 신의진 교수의 말이다. 이러한 문제들은 주의 산만, 발달 저하, 충동적 행동, 도피 증세 등 실행 기능의 어려움으로 이어진다. 조기의 인지 교육은 아이에게 과도한 스트레스를 준다. 이는 아이의 뇌 발달에 심각한 뇌 손상을 가져온다. 나는 스스로 이러한 아이를 아픈 아이라 명명했다. 아이의 전두엽 발달에 맞지 않은 과도한 인지 교육은 아이의 뇌를 점점 더 망가지게 한다. 인지 교육으로 과도한 독서는 아이의 뇌를 다치게 한다. 아이의 브레인 발달에 맞는 독서 훈련과 교육이 아이를 행복하게 한다.

브레인 독서는 아이의 브레인 성향에 맞게 독서를 한다. 책 읽기를 시작해야 하는 시점도 아이마다 다르다. 아이의 나이와 신체 성장이 아닌 브레인 발달에 따라 독서를 해야 한다. 아이의 뇌는 태어나서 유전적인 성향이 강하다. 성장하면서는 유전적인 성향에 양육 환경이 뇌 성장을 발달시킨다. 책을 좋아하는 아이, 책을 싫어하는 아이는 유전과 양육 환경에 따라 다르게 나타난다. 여기에 학습적인 브레인 발달이 이루어진다. 독서 습관의 첫걸음이 되는 책 읽기는 아이마다 다르다. 유대인 아이는 알파벳 첫 글자를 알게 될 때 꿀을 한 스푼 먹인다고 한다. 앎은 꿀처럼 달콤하고 기쁘다는 것을 오랫동안 기억하게 하기 위해서라고 한다. 이처럼 앎은 우리에게 기쁨을 준다. 아이가 처음으로 책을 읽게 되면 부모는 아이의 기쁨을 표현하도록 도와줘야 한다. (자세한 내용은 부록 참조)

"나는 책을 잘 읽는다."
"나는 책을 읽으면 재미있다."
"나는 책을 잘 이해한다."
"나는 책을 읽고 말을 잘한다."

책을 읽는다는 것은 기쁨이어야 한다. 부모는 아이가 책으로 기쁨을 느낄 수 있도록 도와줘야 한다. 혼자서 책을 읽는 아이에게 '행동 표현하기'로 아이에게 말해보자.

"○○은 책을 잘 읽네."
"○○은 책 읽기가 재미있어 보이네."
"○○은 책을 잘 이해하네."
"○○은 책을 읽고 말을 잘하네."

아이의 이름을 넣고 아이의 행동을 말로 표현해보자. 그러면 아이는 책 읽는 모습을 존중받고 책을 계속 잘 읽게 된다. 부모는 아이에게 "행동 표현하기"와 "칭찬하기"를 구분해서 사용해야 한다. 아이의 행동과 태도가 바른 아이에게는 "행동 표현하기"를 해야 한다. 책을 잘 읽는 모습을 본다면, "행동 표현하기"로 아이를 존중한다는 걸 보여주면 신뢰감을 주게 된다.

반면, 책을 읽지 않는 아이가 책을 읽었을 때는 "칭찬하기"를 해야 한다. 아이에게 '너는 할 수 있다'라는 자긍심과 자신감을 줄 수 있다. 아이는 칭찬받기 위해 책 읽기를 하게 된다.

책 읽기의 행동이 반복되면 '행동 표현하기'로 바꾸어야 한다. 책을 잘 읽는 아이에게는 '칭찬하기'가 아니라 '행동 표현하기'라는 것을 명심해야 한다. 읽기를 반복하면 아이는 자연스럽게 읽기 능력의 힘이 길러진다.

•<브레인 독서법> 핵심 포인트

읽기 능력에 힘을 기르는 브레인 독서 코칭

아이는 유전과 양육 환경에 따라 전두엽 발달이 다르다. 아이의 전두엽 발달 상태에 따라 아이의 행동 특성은 모두 다르게 나타난다. 부모는 아이의 전두엽 발달 성향을 파악해야 한다. 아이의 전두엽 발달이 이해되면 책 읽기 능력을 강화할 수 있다.

2

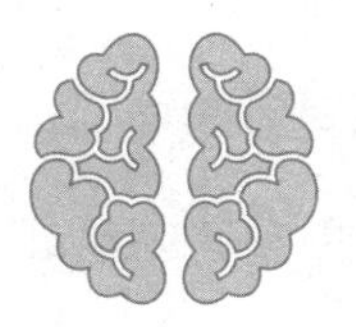

화내고 욱하는 아이를 위한 브레인 독서 코칭

아이를 키우는 일은 정원을 가꾸는 일과 같다. 잡초를 뽑아내듯 아이의 잘못된 태도와 버릇은 바꾸도록 도와주어야 한다. 이제 막 새로 자라난 새싹을 짓밟아서는 안 된다. 조심스럽게 다뤄야 한다. 부모는 아이의 좋은 인성을 길러낼 의무가 있다.

부모가 모범을 보이는 모습에 노력을 기울여야 한다. 부모는 아이에게 크게 분노하지 않아야 한다. 아이는 부모가 역경을 견뎌내는 모습을 지켜보고 있다는 것을 명심해야 한다. 부모의 삶이 아무리 힘들다 해도, 어려운 고난과 역경이 있다 해도 긍정적인 자세를 아이에게 보여준다면 아이의 미래는 밝아진다.

"희준아, PC게임 그만해라!"

"…."

"희준아, 전기 코드 뽑는다!"

"조금만…!"

"야!!!"(코드를 뽑는다)

"아, 왜 코드를 뽑고 난리야!!"

초등학교 2학년 희준이는 PC게임에 목숨을 건다. 누나는 집에서 게임만 하는 희준이에게 게임을 그만하라고 해도 소용이 없다. 그래서 매번 전원 코드를 뽑는다. 집에서 심각할 정도로 게임에 몰입을 한다. 초등학교 1학년 때부터 게임중독으로 상담을 받았다. 하지만 시간이 지날수록 게임에 대한 집착은 더 심각해졌다. 희준이는 학교와 복지센터의 그룹 수업에서 욱하고 자주 화를 낸다. 다른 친구들이 희준이를 피하고 싫어한다고 했다. 담당 선생님도 대화로 타협이 어려운 아이라고 했다. 지역아동복지센터에서 소개를 받고 만난 아이다. 소개받은 희준이는 조용하고 말이 없었다. 의욕이 전혀 없어 보이는 모습이었다. 나는 이 아이가 난폭하다는 생각이 전혀 들지 않았다.

형편이 어려운 가정의 아이는 보호받는다는 느낌을 느낀 경험이 적다. 희준이에게 필요한 것은 사랑이었다. 관심 받지 못해 삐뚤어진 채 구석으로 피하기만 했다. 자신을 건들거나 불만이 있으면 소리치고 난폭해졌다. 소리를 지르고 친구들을 방해했다. 희준이 아버지는 혼자서 아이 셋을 양육한다. 희준이가 컴퓨터로 하는 게임은 '마인크래프트'였다. 줄여서 '마크'라고 불렀다. 희준이는 어떤 것에도 관심이 없었다. 그런데 마크에는 관심이 높았다. 나는 희준이와 대화를 하기 위해 PC게임 마크를 배웠다. 희준이는 내가 마크에 대한 용어와 스킬을 얘기하니까 관심을 크게 보였다. 희준이와의 소통은 마크여야 했다.

"선생님도 마크 해요?"
"나도 마크 잘해! 희준이, 너 다이아몬드 있어?"
"… 아니요."

우리의 대화는 마크로 시작해서 마크로 끝났다. 희준이는 새벽에 일어나서 컴퓨터 게임 마크를 아무도 몰래 했었다. 잠을 못 잔 희준이는 학교에서 거의 잠만 잤다고 한다. 이런 생활이 1년이 넘도록 지속되었던 것이다. 상담은 형식적으로 이루어졌다. 희준이에게 게임을 하지 말라고 했고, 희준이는 그러겠다는 약속을 했다고 한다. 희준이는 문제아로 낙인찍혀 있었다. 나는 너무나 안타까웠다. 희준이는 게임 속에서 모르는 글자가 나오거나 내용이 이해가 안 돼도 반복적으로 마크를 하고 있었다. 마크에 들이는 시간과 정성의 절반만 책과 공부에 들여도 다른 아이가 될 거라는 생각이 들었다. 나는 조건을 걸었다. 마크 잘하는 방법을 알려 주기로 하고 글자 공부, 책 읽기, 운동을 약속했다. 희준이는 흔쾌히 받아들였다.

"희준아, 보드 탈 줄 알아?"
"아니요, 친구들이 타는 거 봤어요."
"그렇구나, 너도 타 볼래?"
"보드가 없는데요."

나는 아들이 탔던 'S보드'를 희준이에게 선물로 줬다. 희준이에게 자신감을 주고 싶었다. 이제 나와 함께 글자 공부와 책 읽기를 열심히 한다. 친구들과 교류하도록 운동과 책 읽기를 훈련했다. 희준이에게서 난폭 행동이 사라졌다고 한다. 담당 선생님은 희준이가 다른 아이가 되었다고 했다. 희준이 아버지에게도 "선생님, 감사해요."라며 연락을 받았다. 그런데 희준이가 밤에도 보드를 타러 나가고, 낮에도 밤에도 보드만 타려고 한다고 했다. 그래서 주말에 가족들이 야외로 놀러 갈 계획인데, 희준이가 좋아하는 'S보드'도 탈 수 있는 곳으로 가기로 했다고 한다.

희준이는 욱하고 화내는 아이에서 밝고 명랑한 아이로 바뀌었다. 아이는 화를 내는 이유가 있다. 희준이는 사랑과 관심이 필요했다. 하지 말라는 명령과 잔소리는 아이를 더 망친다. 아이의 마음이 아프면 브레인이 고장난 것이다. 책이나 공부는 멀어진다. 아이의 마음을 이해해주고 따뜻하게 안아줘야 한다. 그리고 브레인을 회복시켜줘야 한다.

아이가 어머니를 혼내는 목소리가 들렸다. 나는 당황해서 모자 관계를 유심히 관찰했다. 센터에 들어서면서부터 아들은 어머니를 혼내고 있다. 그런데 어머니는 아무렇지도 않은 듯 웃으며 넘겼다. 어머니는 전혀 화가 나지 않은 모습이다. 그런데 아들이 너무 심할 정도로 어머니에게 야단을 쳤다. 나는 아이에게 "엄마가 무엇을 잘못했니?"라고 물었다. 아이는 "엄마가 똑바로 안 하잖아요."라며 당당하게 말했다. 어머니는 "제가 잘못했어요."라고 말한다.

"현태는 무슨 책 좋아해?"
"저는 책을 싫어해서 찢어버리는데요."
"아, 그랬구나. 어떤 책을 찢었어?"
"전부 다요."

현태는 초등학교 3학년이다. 현태는 책을 싫어해서 책을 보면 마구 찢어버린다고 했다. 책뿐만 아니라 교과서, 노트도 다 찢어버린다고 했다. 어머니는 이런 현태를 보며 안절부절못했다고 한다. 찢어진 교과서, 노트, 책을 다시 붙이기에 바빴다.

어머니에게 현태가 평소에 왜 화를 내는지 그 이유를 물었다. 아버지에게 지적을 많이 받는다고 한다. 밥을 먹을 때, TV를 볼 때, 신발 신을 때, 책 읽을 때 등 어릴 때부터 "이래라 저래라", "왜 이렇게 했냐?", "잘 해라." 등 아이를 보면 잔소리를 했다는 것이다. 아이는 아버지에게 한마디도 못하고 얌전하다고 한다. 하지만 아버지가 없는 날 어머니에게 아버지처럼 잔소리를 끝도 없이 한다고 했다. 어머니는 화가 났지만 아이 마음이 이해되기 때문에 참는다고 했다.

"현태는 웃는 모습이 참 이쁘구나!"
"안 이뻐요."
"현태는 말도 이쁘게 잘하는구나!"
"못해요."
"현태는 부끄러움이 많네."
"…."

나는 현태와 책상에 마주 보고 앉아서 현태를 관찰하며 말했다. 나는 '부끄럽다'는 말을 어색해하는 이유가 궁금했지만 묻지 않았다. 현태에게 긍정적인 말을 계속해줬다. "우리 현태가 웃으니까 정말 예쁘다.", "우와!! 엄청 귀엽네.” 현태는 나와 얘기하면서 잘 웃었다. 학교에서 있었던 일, 담임 선생님, 친구, 어머니, 아버지 이야기를 나에게 들려줬다.

현태는 화를 자주 내고 욱하는 성향의 아이였다. 현태가 화를 내는 이유는 아버지의 부정적인 훈육 때문이었다.

김태광의 『열살에 익히면 좋은 지혜들』의 목차 중에서 ‘행복의 비결’을 아버지께 꼭 읽게 해 달라고 어머니에게 책을 주면서 말했다.

현태는 〈브레인 독서법〉으로 독서를 시작하기 전에 가족의 관계를 먼저 회복해야 한다. 아버지의 훈육이 현태의 브레인을 망치고 있기 때문이다. 현태는 표정이 밝고 말을 잘하는 아이로 우뇌 성향이 활성화된 아이이다. 하지만 평소 책을 보지 않고 수업시간에도 성실한 태도가 아니었다. 우선 부모와 현태가 신뢰하고 친밀한 사이가 되도록 노력해야 한다. 아이가 분노로 가득 차 있을 때는 부모는 아이의 마음을 먼저 헤아려 주고 품어줘야 한다.

•<브레인 독서법> 핵심 포인트

화내고 욱하는 아이를 위한 브레인 독서 코칭

아이는 부모가 역경을 견뎌내는 모습을 지켜보고 있다는 것을 명심해야 한다. 부모의 삶이 아무리 힘들고 어려운 고난과 역경에 처하더라도 긍정적인 자세를 아이에게 보여준다면 아이의 미래는 밝아진다. 아이가 분노로 가득 차 있을 때는 부모는 아이의 마음을 먼저 헤아려주고 품어줘야 한다.

3

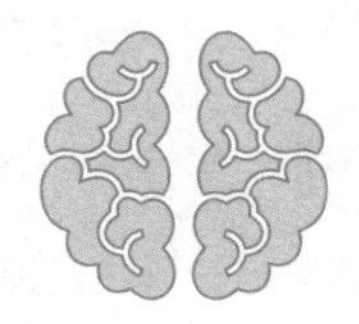

감정 기복이 심한 아이를 위한 브레인 독서 코칭

우리 신체의 감각기관은 시각, 청각, 후각, 미각, 촉각의 오감이다. 외부 자극인 행동과 경험에서 느껴지는 것이 정서적 반응이다. 감각자극은 편도체에 전달되어 정서적 느낌이 생성된다. 편도체는 전두엽과 연결되어 정서적 반응을 기억하고 감정을 만든다. 특히, 아이는 감각기관의 외부 감각자극 민감도에 따라 감정을 표현한다. 감각기관이 민감한 아이는 정서적 반응을 크게 느끼고 감정을 크게 표현한다.

최현석의 『인간의 모든 감정 : 우리는 왜 슬프고 기쁘고 사랑하고 분노하는가』는 감정에 대해 철학자 7명이 말한 내용을 담은 책이다. 그중 아리스토텔레스와 스피노자의 감정에 대한 철학과 현대 심리학의 배경이 이해하기가 쉬웠다.

아리스토텔레스는 감정을 통제하기보다 감정에 호소하라고 말한다. 감정은 사람의 판단에 영향을 주고 기쁨이나 고통을 동반하는 것이다. 여기에는 분노, 공포, 연민 등과 이와 반대 감정들이 있다. 분노는 경멸, 무례, 악의 등 부당함에 대한 도덕적 신념, 복수에 대한 욕망, 복수를 계획하면서 은밀히 느끼는 기쁨이다. 그리고 우리가 대수롭지 않게 생각하는 사람들 앞에서보다 우리의 경쟁자나 우리가 존경하는 사람들 앞에서 모욕을 당할 때 훨씬 크게 발생한다고 했다. 그의 분노와 증오에 대한 설명은 현대에도 유명하다.

"분노는 공격받았을 때 일어나지만, 적개심은 그렇지 않고서도 일어날 수 있다. 우리는 단지 어떤 사람의 성격이 자신과 비슷하다는 이유만으로도 그 사람을 증오할 수 있다. 분노는 시간이 지남에 따라 점차 사그라지지만, 증오는 사그라지지 않는다. 그리고 분노는 고통이 있지만, 증오는 고통을 동반하지 않는다."

스피노자는 감정의 자연법칙을 이해하라고 말한다. 감정은 외부 환경에 대한 인간의 반응이고 인간의 활동력에 영향을 미친다. 자기 자신을 보존하는 욕구는 인간 본성이다. 자신의 욕구가 충족되면 기쁨이 따르고, 저지당하면 슬픔이 따른다. 감정을 이해하면 활동 능력이 증가한다. 그러나 감정을 이해하지 못하면 고통이다. 예를 들어 바다를 잘 이해하면 넘실거리는 파도(감정)를 잘 탄다. 그러나 바다를 이해하지 못하면 파도에 부딪치는 사람은 고통스럽다.

전두엽은 좌뇌와 우뇌로 나누어져 있고 이들을 조화롭게 하는 역할이 뇌량이다. 편도체는 정서 기능을 담당하고 반응하는 감정은 우뇌에서 표현한다. 감정 표현은 우뇌 기능이며 본능이며 무의식적이다. 감각기관의 정서적 반응에 의한 감정은 좌뇌 기능으로 설명하며 의식적이다. 하지만 전두엽 발달이 미숙한 아이는 감정을 표현하는 말이 서툴다.

"에이, 먹을 게 없네, 계란프라이는?"
"그냥 아무거나 좀 먹어라!"
"나 안 먹어! 배 안 고파."
"으이그… 까탈스럽긴…, 프라이 해줄게."

향기 어머니는 향기가 입이 까탈스러워서 걱정이다. 밥도 적게 먹고 배가 자주 아프다고 하고 어릴 때 소화기관이 약해서 입원한 적도 있다. 지금도 복통으로 내과를 다니고 있다. 어머니는 향기가 밥을 안 먹으려고 하면 원하는 반찬을 해준다. 어머니와 동생에게 짜증을 많이 낸다. 어느 날은 기분이 엄청 좋았다가 어느 날은 화내고 짜증을 낸다.

향기는 초등 4학년이다. 센터에서 1:1로 수업하면 자신감이 있는 모습이다. 책을 잘 읽고 내용 이해와 자기 의견을 잘 말했다. 그러나 그룹 수업에서는 질문에 짧게 대답했다. 의견이나 질문도 없고 소심한 모습이다. 향기에게 그룹 수업이 불편하냐고 물었다. 향기는 초등 때 전학만 두 번째다. 향기는 2학년 때 전학 간 학교에서 말투로 왕따를 당했다. 혹시 친구들이 자기 말투 보고 놀릴까 봐 말을 못 했다고 한다. 학교에서 왕따로 상처받았던 기억이 자신감을 잃게 한 모습이었다. 향기네 가족은 군인 아버지의 발령으로 타지역에서 왔다.

향기는 평소에 밝고 활동적이며 도전적인 모습이었다. 그러나 학교생활과 그룹 수업은 긴장감과 불안감이 높았다. 가족은 아버지의 발령으로 2~3년에 한 번씩 타지역으로 이사한다. 향기는 전학으로 학교생활과 친구 관계가 원활하지 않았다. 이러한 심리적 불안이 신체화로 이어져 배가 자주 아팠다. 우선 우뇌 브레인 기능을 회복하기 위해 주의 집중력, 정보처리속도, 기억력 등을 훈련했다.

향기의 브레인 행동 특성은 타인과의 관계 형성에 관심이 많고, 공감 형성이 잘 되었다. 관심 범위가 넓고 다양했다. 정서적인 감정 표현이 많았다. 반면 논리적으로 설명과 주의력, 기억력이 약했다. 이는 우뇌 성향으로 좌뇌를 발달시켜 활성화해야 하는 아이이다. 그러나 왕따 경험으로 우뇌가 위축되어 관계에 어려움을 보였다. 어머니는 향기가 복통이 심해서 감정 기복이 있다고 생각했다. 브레인 성향을 파악하고 향기에게 미안한 마음이 들었다고 했다. 현재 향기는 우뇌를 회복시키는 훈련을 하면서 〈브레인 독서법〉으로 이해력과 논리력을 높여 좌뇌 기능을 발달시키고 있다.

초등학교 2학년인 현빈이는 최근 들어 감정 기복이 심해졌다고 한다. 작년에는 학교도 잘 다니고 얌전하고 착했다. 그런데 2학년 올라와서는 한번 고집을 부리면 아무것도 하지 않는다. 얼마 전에 욕을 하고 소리치며 씩씩거렸다. 어머니는 너무 놀라 당황스러웠다. 1학년 때까지 착했던 아들이 2학년 올라오면서 혹시 나쁜 친구를 사귀는지 걱정이 됐다. 현빈이에게 물으면 아니라고 했다. 어머니는 현빈이와 대화가 안 되고 답답하다. 밖에서 친구들과는 잘 놀았다. 함께 온 현빈이는 대기실에서 앉아서 기다리고 있는데 조용한 모습이다. 현빈이는 핸드폰을 보고 있다.

현빈이는 외동아들이고 누나와 여동생이 있다. 현빈이는 누나를 따라다녔고 동생은 싫어했다. 아버지는 현빈이에게 기대가 높다. 매일 책과 공부를 챙기며 열심히 하라고 한다. 그러나 현빈이는 책도 안 읽고 공부도 하지 않는다. 그리고 친구들과 밖에서 놀다가 늦게 들어오면 아버지에게 혼났다. 현빈이 공부 문제로 아버지와 어머니는 싸우기도 했다. 현빈이는 아버지를 무서워하고 말도 점점 줄어드는 모습이라고 했다.

현빈이는 나의 질문에 대답을 잘했지만, 표정에서 긴장감이 느껴졌다. 책 읽기와 공부에 대해 물으니, 아버지와 어머니가 잔소리해서 하기 싫다고 한다. 책을 읽을 수 있냐고 물었다.

"당연하죠. 읽어볼까요?"(앤서니 브라운, 『돼지책』)
"우와! 책 잘 읽네. 무슨 내용인지 알겠니?"

현빈이는 책도 잘 읽고 이해도 잘했다. 하지만 책을 읽고는 재미없다고 했다. 책 읽기도 공부도 학교 다니기도 다 싫다고 말한다. 현빈이는 자신감도 의욕도 없어 보였다. 어머니, 아버지에게 혼이 많이 난다고 했다. 현빈이는 좌뇌 성향이다. 좌뇌 성향 아이는 순응적이면서도 이해를 잘한다. 현빈이에게도 칭찬과 격려가 약이 되는 경우다. 그러나 현빈이는 칭찬받지 못해 의욕과 자신감을 잃었다. 책에도 공부에도 흥미가 없었다. 이런 상태에서 독서와 공부를 강요하면 아이는 더 고집스럽고 학습에 흥미를 잃는다.

나는 어머니에게 현빈이가 책과 공부에 흥미를 가질 수 있도록 정서적 안정이 필요하다고 했다. 아버지가 현빈이에게 하는 잔소리를 멈춰야 한다. 현빈이의 마음을 헤아리고 함께 놀아주면서 경험을 쌓으며 친밀감과 신뢰 관계를 형성해야 한다고 했다. 우선 〈브레인 독서법〉은 현빈이에게 부담이 없고 책을 좋아하도록 어머니가 꾸준하게 낭독을 해줘야 한다. 현빈이가 좋아하는 책부터 매일 낭독을 해야 한다. 어머니와 현빈이가 책을 통해 친밀한 관계 형성을 해야 한다.

부모는 아이의 표정만 봐도 어떤 감정인지 알아차릴 수 있어야 한다. 아이는 감정으로 소통을 하기도 한다. 아이가 부모에게 잔소리를 많이 들으면 자신감을 잃고 계속되면 자존감이 낮아진다. 그러면 아이는 두려움과 분노 감정으로 부정적인 언어와 행동이 나타난다. 이때는 아이에게 독서와 공부를 강요하기보다 아이의 마음을 헤아려주고 공감해줘야 한다. 먼저 친밀하고 신뢰감 있는 관계에 정성을 들여야 한다. 그리고 아이가 좋아하는 책을 함께 읽으며 소통한다. 좌뇌 성향 아이는 우뇌 기능이 약하다. 부모는 아이의 정서적 안정과 감정 이해 공감이 반드시 우선되어야 한다.

•〈브레인 독서법〉 핵심 포인트

감정 기복이 심한 아이를 위한 브레인 독서 코칭

편도체는 정서 기능을 담당하고 반응하는 감정은 우뇌에서 표현한다. 감정 표현은 우뇌 기능이며 본능이며 무의식적이다. 아이의 우뇌를 회복시키면서 책을 좋아하도록 부모는 정성을 들여야 한다. 그리고 아이가 자신감이 생기면 아이에게 맞는 〈브레인 독서법〉을 하면 된다.

4

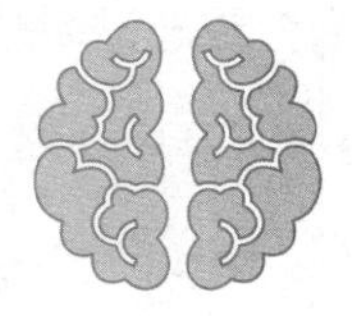

자존감을 높이는 브레인 독서 코칭

부모는 아이의 자존감을 높이려고 다양한 방법을 찾는다. 아이의 자존감을 높이는 방법 중 가장 먼저는 부모의 자존감을 높이는 것이다. 자기 자신을 믿고 존중하는 모습을 보여줘야 한다. 그리고 아이를 한 인격체로 존중해줘야 한다. 존중받은 아이는 긍정적이고, 자신감 넘치고, 자신을 존중하며 신뢰하게 된다. 아이에게 존재적 가치로 존중받아야 한다는 것을 알게 해야 한다. 긍정적인 가정 환경에서 매일 즐겁게 생활하는 모습을 보여주며 매일매일이 얼마나 즐거운 것인지 알게 해줘야 한다. 그리고 독서를 통해 함께 소통하며 미래로 나아가는 꿈을 꿀 수 있게 해줘야 한다. 인생을 살아가는 부모에게서 아이는 자존감을 배우게 된다.

"찬아, 오늘 알림장은 뭐야?"

"…."

"알림장 적어왔니?"

(노트를 보여주며) "네."

아들은 어릴 때부터 순응적이고 밝고 온순한 성향이었다. 그러나 초등학교에 입학하고 질문에 대답이 느렸다. 알림장을 매일 적어왔지만 말로 하지는 않았다. 나는 '묻는 말에 대답은 해야 할 텐데….'라는 생각이 들었다. 나는 함께 책을 읽으면서 어휘력을 올려줘야겠다는 생각이 들었다. 아들에게 "책 읽어줄까?"라고 물어보니 좋다고 한다. 그러나 나는 책을 읽어주려다가 아들의 표현력을 위해 책 읽기를 시켰다. 내가 이때 아들의 브레인 발달을 이해했더라면 더 오랫동안 책을 읽어줬을 것이다. 그리고 책 읽기를 강요하지 않았을 것이다.

좌뇌 성향인 아들에게 책 읽기와 학습을 강요하면서 좌뇌가 망가지고, 표현이 어려운 우뇌도 활성화시켜주지 못했다. 그래서 나는 정말 많은 세월을 후회했다. 그리고 망가진 브레인은 회복이 될 수도, 안 될 수도 있다는 것을 알게 되었다. 그 후, 난 많은 시간을 인내로 견뎌내야 했다.

"… 음…, 컥컥(헛기침)…, 그리고 음음…."

"수혁아, 목이 아프니?"

"네…, 감기가…."

"물 줄까?"

수혁이는 초등학교 5학년이다. 센터에서 책 읽기와 공부를 열심히 하는 아이이다. 평소와 다르게 오늘 책 읽기에서 헛기침을 반복했다. 평소에도 책 읽기는 두려움이 있었다. 목소리 음높이와 강도 조절이 어려워서 책 읽기를 힘들어했다. 나는 긴 문장을 짧게 끊어 읽게 도와줬다. 최근에는 평소에 책 읽기를 잘했었다. 오늘 행동이 이상하게 보였다. 감기인가 싶어서 물었더니 "오늘 학교에서 선생님께 책을 이상하게 읽는다고 혼났어요."라고 말한다. 나는 '수혁이가 얼마나 속상하고 주눅이 들었을까.'라는 생각에 가슴이 아팠다. 자존감이 바닥에 떨어졌을 수혁이에게 용기를 주고 싶었다.

"수혁아! 선생님이 들었을 때는 수혁이 목소리는 크고 웅장하고 멋져!"

"아니에요. 나보고 목소리가 다 이상하다고 해요."

"아니야. 그 사람들이 진짜 너의 목소리를 잘 몰라서 그런 거야!"

"…."

"너의 목소리는 엄청 웅장해서 조절하는 훈련을 하면 된단다."

수혁이는 나에게 말할 때도 목소리가 컸다. 크게 말하지 않으려고 애를 쓰는 모습이 많았다. 어릴 때부터 발음이 좋지 않다는 잔소리를 많이 들었다. 발음과 목소리를 조절하려고 언어치료도 받았다. 발음은 어느 정도 개선이 되었지만 발성 음도와 강도 조절에 어려움이 있었다. 그래서 수혁이는 말할 때 시선을 피하고 말이 빨랐다. 긴장감이 높았다. 책도 급하게 읽고, 움직임이 많았다. 집중하지 못하고 산만했다. 수혁이에게 오랫동안 말과 행동을 강하게 통제한 모습이었다.

나는 이러한 수혁이를 존중해준다. 자신의 약점보다는 강점을 강화시켜 자신감을 잃지 않도록 해야 한다. 수혁이는 내 앞에서 수다스럽고 호탕하게 말한다. 잘 웃는다. 나는 수혁이에게 시련은 변형된 축복이라며 자존감을 높여준다.

"발명가들이 비판을 두려워했다면 우리는 아직도 마차를 타고, 집에서 만든 옷을 입고 다니고 있을 것이다. 머리로 생각하고 가슴으로 믿을 수 있다면 무엇이든 성취할 수 있다."

김태광의 『열살의 꿈이 미래를 결정한다』에 나온 성공 철학의 위대한 아버지 '나폴레온 힐'의 말이다. 그의 저서에는 초등생들에게 도움이 될 성공자들이 꿈을 실현하고 성공하는 인생을 살 수 있었던 비결이 담겨 있다. 그들의 성공 비결은 열 살에 품은 '꿈'이었다. 어떤 시련과 역경이 닥쳐도 꿈 씨앗이 단단하다면 절대 좌절하거나 쓰러지지 않는다. 평소 공부가 하기 싫은 친구도 꿈을 갖게 되면 그 꿈을 위해 공부에 빠져들게 된다는 내용이다.

나는 읽기를 힘들어하는 수혁이에게 책의 목차 중 〈내면에 잠들어 있는 잠재력 깨우기〉를 필사하도록 했다. 수혁이는 필사를 열심히 한다. 필사가 책 읽기보다 더 좋다고 했다. 필사하고 수혁이에게 가장 와닿는 문장에 밑줄을 긋게 했다. 수혁이는 "자기 자신을 아끼고 사랑할 줄 알아야 합니다. 그럴 때 비로소 자신의 내면에 잠들어 있는 거인을 깨울 수 있기 때문입니다."에 밑줄을 그었다. 그 문장을 천천히 읽게 했다. 수혁이는 읽고 나서 이런 말을 했다.

"참 좋은 말이네요. 나도 이제부터 나를 사랑하고 아껴야겠어요."

"수혁이는 잘하고 있어. 수혁이 안에 잠들어 있는 거인을 반드시 깨워 보자!"

"네, 선생님 좋아요."

수혁이의 꿈은 '에디슨'처럼 사람들에게 도움이 되는 것을 개발하는 '발명가'이다. 그는 사람들이 사용하는 전자제품을 더 편리하도록 연구해서 만들고 싶다고 했다. 나는 "발명가의 멋진 꿈이 있는 수혁이를 응원한다."라고 말했다.

수혁이는 말과 행동이 빠르고 호기심과 움직임이 많다. 활동성이 강한 우뇌 성향이 활성화된 아이다. 목소리로 자신감을 잃지 않았더라면 책 읽기를 좋아할 아이였다. 어릴 때부터 언어 표현으로 많은 어려움을 겪어 우뇌 기능이 위축되었고 좌뇌는 기능이 약해서 언어적 이해와 기억에 어려움이 나타났다. 그래서 산만한 움직임을 완화해주는 주의 집중력 훈련과 청각적 처리속도 개선, 작업 기억 확장 훈련을 하고 있다. 이에 〈브레인 독서법〉으로 수혁이와 어머니가 매일 독서를 할 수 있도록 한다. (자세한 내용은 부록 참조)

<브레인 독서법>

우뇌 성향의 활동성 강점 활용하여 잠재력(꿈) 강화 훈련

브레인 독서 - [꿈 관련 책, 위인전, 진로 관련 책]

준비물 : 책 2권(어머니, 수혁), 필사 노트, 필기구, 규칙-웃기

1. 어머니와 함께 매일 필사하기
2. 공감되는 부분에 밑줄 긋기
3. 밑줄 그은 부분 읽고 어머니와 소감 나누기

브레인 독서활동 – [수혁이의 성공 씨앗 심기, 키우기, 싹 틔우기]

준비물 : 버킷리스트 목록(20개 이상), 성공 씨앗 5가지 리스트, 감사 노트, 내일 계획 세우기, 필기구

1. 버킷리스트(20개 이상)를 적고 매일 소리 내어 읽기(우선 순위 정하기)
2. 성공 씨앗 5가지 심기(목소리, 발명가, 공부, 잠재력, 꿈)
   1) 나는 매일 '목소리'가 점점 나아지고 있다.
   2) 나는 '발명가'의 꿈을 반드시 이룬다.
   3) 나는 '공부' 실수가 많을수록 성공할 확률은 높다.
   4) 나는 반드시 내 안에 거인 '잠재력'을 깨우고 성공한다.
   5) 나는 '꿈'을 이루었다.
3. 내일 계획 세우기고 읽기(독서, 공부)
4. 감사일기 쓰기(10개)

•<브레인 독서법> 핵심 포인트

자존감을 높이는 브레인 독서 코칭

부모는 독서를 통해 함께 소통하며 미래로 나아가고 아이가 꿈을 꿀 수 있게 해줘야 한다. 아이에게 존재적 가치로 존중받아야 한다는 것을 알게하면 아이는 긍정적이고, 자신감 넘치고, 자신을 존중하며 신뢰하게 된다.

5

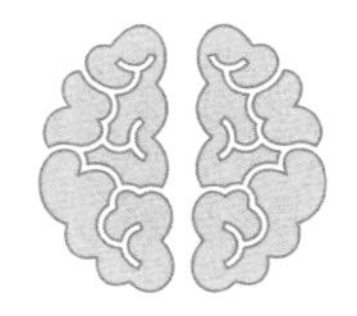

사고력을 키우는 브레인 독서 코칭

아이의 문제 해결력을 높여주는 사고력은 어떻게 길러줘야 할까? 사고력은 전두엽의 핵심 기능으로 아이가 책을 읽으면 어휘력, 이해력, 상상력 등 생각하는 힘이 생긴다. 이런 생각들을 해결해가는 과정에서 문제 해결력은 길러진다. 아이가 4~5세가 되면 지적 호기심이 발달한다. 아이가 궁금한 것을 못 참고 "왜?"라고 끊임없이 묻기도 한다. 이는 사물을 관찰하고 '왜 그럴까?'라는 궁금증이 생기기 시작한 것이다. '알고 싶다'라는 결과의 논리적 사고가 발달하고 있기 때문이다. 부모는 아이의 전두엽 발달을 이해하고 주의 깊게 아이를 살펴야 한다. 이때부터는 논리적 사고력을 높여줘야 하는 시기이다.

아이가 살아가야 하는 미래는 인공지능(AI)과 함께해야 한다. 그래서 무엇보다 중요한 우리의 사고력을 키우려면 전두엽의 좌우뇌 기능을 강하게 활성화해야 한다. 융합과 창의적 통찰의 사고력을 길러야 한다. 이는 거대한 지식을 가진 인공지능보다 강한 사고력으로 문제 해결력을 발휘할 수 있기 때문이다. 인간은 전두엽 기능을 강하게 발달시키면 창의적 통찰이 자유로운 사고의 유연성으로 가능해진다. 고정적인 사고의 틀과 형식적인 태도는 아이의 사고력을 저해하고 불안감을 준다. 그러므로 부모는 아이의 창의 융합적인 사고력을 키우기 위해 독서로 긍정의 씨앗을 심어야 한다.

"엄마!! 개미?"(화들짝 놀래 소리치며, 내 뒤로 숨는다.)
"응? 어디?"
"쪄어기 개미들이…."

'개미를 무서워하는 아이', '개미를 보고 비켜가는 아이', '인도에서 안쪽으로만 다니는 아이', '횡단보도에서 손들고 가는 아이', '비 올까 걱정되어 우산 챙기는 아이', '책은 엄마가 읽어줘야 한다고 생각하는 아이', '못하면 안 하려고 하는 아이', '있는 그대로가 좋은 아이'는 아들을 생각하게 하는 수식어다. 유난히 마음이 여리고 소심했다. 밝고 씩씩한 면도 있었지만 엄마만 찾는 껌딱지였다. 엄마가 있으면 자신감이 높고, 없으면 불안감이 높았다. 아들은 개미뿐만 아니라 매미, 잠자리 등 곤충에 관심이 많았다. 동네 강아지를 보면 무섭다고 도망을 다녔다. 친구에게 눈 밑을 손톱으로 긁혀도 말 한마디 못했다. 나는 마음속으로 '학교생활은 잘할 수 있을까?'라는 생각이 들었다. 그래서 사고력을 키워 문제 해결력을 길러주고 싶었다.

미국 예일대학 심리학과 로렌스 스타인버그 교수의 『성공적 두뇌(Successful Intelligence)』에 나오는 이야기다.

똑똑이와 똘똘이가 산을 넘어가고 있었다. 똑똑이는 학교에서 이름난 우등생이고, 똘똘이는 동네에서 소문난 개구쟁이다. 두 아이는 산속에서 호랑이를 만났다. 똑똑이는 호랑이를 보고 계산하기 시작했다. 호랑이는 250m쯤 떨어져 있고 시속이 50km였다. 똑똑이는 정확하게 계산했다. 그리고 "야, 우린 17.88초 후면 죽는다!"라고 똘똘이에게 소리치듯 말했다. 그러나 똘똘이는 태연하게 자신의 운동화 끈을 동여매고 있다. 그 모습을 본 똑똑이는 똘똘이에게 비꼬듯 말했다. "이 멍청아! 네가 뛰어봤자지, 호랑이보다 빨리 뛸 수 있을 것 같아?", 그러자 똘똘이는 씩 웃으면서 말했다. "아니, 나는 너보다만 빨리 뛰면 돼."

똑똑이와 똘똘이는 사고의 구조가 매우 다르다. 두 아이 중에 누가 더 똑똑하다고 자신 있게 말하기 어렵다. 스타인버그 박사는 인간의 두뇌 능력에 3가지 영역이 있다고 말한다. 분석 · 논리력, 적용력, 창의력이다. 학교 교육은 분석 · 논리력만 평가하여 뛰어난 아이로 인정받는다. 마치 공부 못하면 개구쟁이나 사고뭉치로 평가절하되어 좌절감을 경험한다. 브레인에서 분석 · 논리력은 좌뇌 기능을 요구한다. 학교 공부는 우뇌 기능이 약하고 좌뇌 성향이 강한 아이에게는 유리하다. 좌뇌 기능이 약하고 우뇌 성향이 강한 아이는 학교 교육에서는 성적이 낮고 문제 아이가 될 수 있다.

일화는 좌뇌 기능이 활발한 똑똑이와 우뇌 기능이 활발한 똘똘이를 쉽게 비교했다. 학교 공부에서는 똑똑이가 인정받고 성공한 아이로 보인다. 하지만 사회는 똘똘이처럼 자신의 직감을 믿는 용기와 적용력과 창의력이 필요하다.

학교 다닐 때 나는 공부를 못했고, 남편은 공부를 싫어했다. 우리 부부는 아들이 학교 성적을 잘 받게 하는 방법을 몰랐다. 아들의 공부와 성적을 올리려고 '공부비법' 전문가(서울)의 과외를 받았다. 아들의 생각, 성향, 환경과는 관련이 없는 공부법이었다. 아들은 학원 다니고 과외도 했었다. 하지만 성적은 크게 오르지 않았다. 아들 성향에 맞게 이해시켜주는 학원도 선생님도 찾지 못했다. 우리 부부는 중학교 생활로 지친 아들이 중3 겨울방학 때 여유로운 마음으로 보내길 바랐다. 그래서 읽고 싶었던 책과 치고 싶었던 기타를 배우면서 방학을 보내게 했다.

“엄마, 여기도 대학 가는 애들 위주로 악기를 가르쳐줘요!”

학원은 아이들을 더 좋은 학교에 보내려고 가르쳤다. 실용음악학원도 취미반은 없었다. 아들은 배움에 대한 즐거움을 아직 맛보지 못했다. 아들은 『명탐정 설록 홈즈』를 읽으면서 즐거워했다. 나 역시 공부보다 독서를 하는 것이 낫다는 생각을 했다. 그러나 아들은 공부에 대한 욕구가 컸다. 마음이 혼란한 아들은 독서도 열심히 하지 못했다.

“엄마는 지금도 아들이 멋지고 잘하고 있다고 생각해! 공부보다 책을 보면 좋겠네.”

아들의 독서는 초보 수준이다. 심층 독서를 하지 못했다. 독서에 대한 즐거움을 제대로 느껴보지 못했다. 아들의 발달 성향은 독서는 독서대로 안 되고, 공부는 공부대로 안 됐다. 아이의 발달 속도와 성향에 맞게 독서와 공부가 어려웠다. 아들은 학년이 올라갈수록 더 조용한 성격으로 변했다. 성적 스트레스로 민감하고 불안한 성격이 되어 갔다. 우리 부부는 아들의 성적을 어떻게 올려줘야 할지 어려웠다. 그런데 고등학교 때는 혼자서 공부하기 시작했다. 아들은 차츰 좌뇌 성향의 기능이 활성화되고 있었고, 우뇌 기능도 발달되어 자신감을 회복하는 모습이었다. 나는 지금도 대학생인 아들에게 〈브레인 독서법〉에 대해 설명을 한다.

"엄마, 나 꿈이 없어요."

아들은 꿈이 없다며 무엇부터 해야 할지 모르겠다고 했다. 한결같이 성실하고 자기 맡은 일에 책임을 다하는 멋진 아들이다. 그런데 꿈이 없다는 말에 가슴이 아렸다. 지금까지 무슨 공부를 했는가 싶었다. 아들의 말을 듣고 남편이 말한다.

"나도 꿈이 없었던 것 같아!"

우리 가정이 불안하고 힘들었던 이유를 나는 명확히 알게 되었다. 남편이 이끌어가는 '가정의 나침반'이 방향을 잃고 있었다. 꿈이 없으면 목표, 계획, 생각이 없게 된다. 나는 우뇌 성향이 강하고 우뇌 기능이 높다. 하지만 남편은 좌뇌 성향이 강하고 좌뇌 기능이 높다. 남편과 아들에게 브레인 성향을 분석하고 꿈과 용기를 줘야겠다는 생각을 했다. 나의 소중한 가족부터 '생각의 나침반'을 만들어줘야 했다.

남편에게 꿈과 버킷리스트를 작성하도록 했다. 그 꿈을 향해 우뇌 기능을 강화하는 독서와 공부를 설계했다. 이제 브레인 성향에 맞는 좌뇌를 활성화하고 우뇌를 발달시키는 일을 격려하고 있다. 요즘 매일 남편의 기분은 즐거워 보이며 안정된 모습이다.

아들은 좌뇌 성향으로 우뇌를 발달시켜 활성화해야 하는 아이이다. 생물학 전공인 아들은 자신의 성향과 잘 맞다. 즐거운 공부는 좌우뇌를 발달시킨다. 아들에게는 심화 독서가 필요해 보이지만 자신이 원할 때까지 기다려주기로 했다. 불안정했던 우리 가정은 이제 꿈과 희망의 돛을 달고 항해를 시작한다.

생각하는 힘은 저절로 생기지 않는다. 어릴 때부터 부모가 아이에게 책을 좋아하도록 환경을 만들어줘야 한다. 부모와 아이는 함께 책을 읽고, 대화로 신뢰를 쌓아야 한다. 책을 읽고 서로 질문하고 답하는 습관은 사고력을 크게 발달시킨다. 초등 시기 전두엽의 좌우뇌를 독서로 강하게 발달시키면 문제 해결력이 뛰어나고 사고 유연성이 높아진다. 이는 대처 능력이 뛰어나고 창조적인 삶을 살게 된다. 문제 해결력이 높은 사고력의 독서는 아이의 브레인 성향에 맞게 이루어져야 한다.

• <브레인 독서법> 핵심 포인트

사고력을 키우는 브레인 독서 코칭

초등 시기 전두엽의 좌우뇌를 독서로 강하게 발달시켜 활성화하면 문제 해결력이 높은 사고력이 길러진다. 그러면 융합과 창의적 통찰로 대처 능력이 뛰어나고 창조적인 삶을 살게 된다. 이제 아이는 브레인 성향에 맞게 독서를 해야 한다.

6

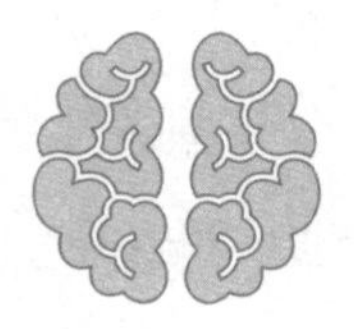

상상력을 발휘하는 브레인 독서 코칭

"선생님, 몇 시예요?"

"선생님, 얘가 저한테 뭐라 그래요."

"선생님, 배고파요."

"선생님, 친구가 노트를 안줘요!"(으~앙)

"선생님…, 선생님…!"(시끌시끌)

초등학교 1학년 반에는 "선생님"을 외치는 아이들로 시끌시끌하다. 어머니는 초등학교 선생님이다. 온종일 반 아이들이 "선생님"을 외치는 소리를 듣는다. 그러면 퇴근길에도 귀가 멍멍함을 느낀다. 집에 오면 초등학교 1학년 미혜와 6살인 혜빈이가 엄마를 기다린다. 엄마가 집에 오면 그때부터 아이들은 "엄마"를 외치기 시작한다. 어머니는 그런 미혜를 보다가 미혜도 자기 반 아이들처럼 담임 선생님을 자주 부르며 질문하는지 궁금해졌다.

"미혜야, 오늘 '선생님'하고 불러서 물어본 거 있어?"
"아니, 선생님을 왜 불러?"

초등 1학년은 호기심이 많아서 질문도 많다. 그래서 아이들이 시끄럽지만 그런 모습이 이쁘기도 하다. 우리 미혜도 명랑하고 말도 잘한다. 그런데 '왜 선생님에게는 물어보지 않지?'라는 생각이 든다. '미혜가 또래 아이와는 다른가?'라는 생각이 들었다. 그런데 미혜가 이렇게 말한다.

"엄마가 선생님이니까, 엄마한테 물어보면 돼!"

'미혜가 엄마를 너무 의지하나?'라는 생각이 들었지만 내색하지 않았다. 그날 저녁에 아이들과 함께 '꿈 그리기'를 했다.

어머니는 나를 보자마자 물꼬가 트인 사람처럼 자신의 얘길 털어놨다. 그녀는 초등 교사로 두 아이의 어머니이다. 초등학교 1학년 담임을 3년째 맡고 있다. 누구보다 초등 1학년 아이를 잘 알고 있다고 생각했다. 그러나 자신의 아이는 모르겠다고 한다. 어머니로서 양육이 문제인지를 물었다. 자신도 모르게 반 아이들과 미혜를 비교한다고 했다.

어머니는 태교로 책 읽기를 했다. 아이들에게 매일 잠자리에서 책을 읽어주고, 주말에는 도서관이나 서점을 다녔다. 아이들은 자연스럽게 책을 좋아했고 가족 모두 책을 좋아한다. 두 아이 모두 언어 발달이 빠르고 어휘력이 높았다. 그러나 미혜는 학교생활에서 관계에 어려움을 보였고, 체육, 음악 등 활동적인 영역은 약한 편이라고 했다.

미혜의 꿈 그림은 '책에 그림을 그리고 글을 쓰는 모습의 동화 작가'이다. 그리고 6살인 혜빈이는 언니와 비슷한 그림의 '책을 보는 공주'이다. 미혜는 그림이 예쁜 동화책을 좋아한다. 미혜는 동화책을 보면서 '상상의 날개'를 펼치고 있는 듯 보였다. 어머니는 미혜의 꿈 그림을 보면서 당연하게 생각했다. 미혜는 자신이 싫은 건 절대 안 했다. 어머니는 미혜가 고집도 세다고 말한다. 그래도 책을 좋아하고 책을 보며 혼자 웃기도 한다. 특별히 문제행동이 없는 미혜를 대견스럽게 생각했다. 동생 혜빈이와 사이좋게 잘 놀고 책도 잘 읽어준다. 글자도 가르쳐준다. 혜빈이는 언니만 졸졸 따라다니는 '따라쟁이'라고 한다.

미혜는 책을 보면 행복하다는 조용한 좌뇌 성향의 아이다. 책으로 추상적 사고력이 발달되어 상상력이 풍부해진다. 책을 읽고 이해력이 빠르며 독서 습관은 좌뇌의 언어 기능을 활성화하고 상상력으로 우뇌 기능을 발달시켜 활성화한다. 미혜는 상상력뿐만 아니라 어휘력, 사고력이 일반 또래보다 높았다. 미혜는 일상생활보다 상상의 세계가 훨씬 재미있고 흥미로워 보였다.

초등 1학년인 미혜는 좌뇌 성향의 우뇌를 발달시켜야 하는 아이이다. 그러나 책을 좋아하고 책을 보며 상상력이 풍부한 모습은 독서를 통해 좌우뇌가 균형적으로 발달되어 활성화하려는 모습으로 보인다. 하지만 좌뇌 성향이 더 강해지면 우뇌 기능이 약해지므로 더 강한 우뇌를 발달시켜 균형을 이룰 수 있도록 하는 것이 중요하다. 가족 여행이나 야외 활동 같은 활동성 있고 새로운 경험으로 우뇌를 활성화하는 것도 좋다. 그리고 〈브레인 독서로〉로 우뇌를 활성화하는 독서와 독서 활동을 하면 된다. (자세한 내용은 부록 참조)

<브레인 독서법>

좌뇌 성향의 이해력 강점 활용하여 동화 작가(꿈) 강화 훈련

브레인 독서 – [그림 동화책]

준비물 : 책 1권

1. 소리 내어 읽기

2. 책을 읽고 긍정문장 밑줄 긋기

3. 밑줄 그은 부분 소리 내어 읽기

브레인 독서 활동 - [꿈 스토리텔링]

준비물 : 도화지, 노트, 채색 도구, 필기구

1. 읽은 동화책의 동화 작가가 된 모습 그리기

2. 꿈 스토리텔링하기(그림 뒷면에 적기)

   1) 몇 살에 동화 작가가 될 것인가?(나이 구체화)

   2) 어떤 책의 동화책을 썼는가?(다른 책 제목을 짓기)

   3) 동화 작가가 된 자신의 생활은?(동화작가가 된 모습을 상상하기)

3. 1)~3)문장을 연결해서 노트에 적기 : 날짜, 요일, 동화책 제목, 꿈 스토리텔링의 제목(ex. 미혜 작가의 생활) 적기

"나는 아침마다 넘쳐 나는 상상력 때문에 힘들다. 가장 위대한 업적은 '왜'라는 아이 같은 호기심에서 탄생한다. 먼저 행동으로 옮기고 나서 말해라."

영화계 거장, 영화감독 스티븐 스필버그의 말이다. 그가 성공한 배경

뒤에는 '아들의 상상력'을 인정해주고 지켜준 어머니가 있다. 스필버그는 어린 시절 아주 별난 아이였고, 학교에서는 따돌림, 비난, 폭력을 당했다. 학교에 꾀병으로 안 가는 날도 많았다. 방에는 여러 마리의 새가 날아다녔고, 방 안에는 영화 필름과 카메라가 어지럽게 널브러져 있었다. 하지만 그의 어머니는 한 번도 새들을 새장에 가두라고 하거나, 방을 치우라고 꾸짖지 않았다. 오히려 방을 깨끗이 치우면 아들의 상상력과 창의력에 방해가 된다고 생각했다.

"자고 있던 나를 깨운 아버지는 잠옷 차림이었다. 나를 황급히 차에 태웠는데 너무 무서웠다. 아버지는 따뜻한 차가 담긴 보온병과 담요를 챙겼고 차는 30분을 달렸다. 마침내 차를 길가에 세웠다. 그곳에는 수백 명이 길가에 누워 하늘을 쳐다보고 있었다. 아버지는 빈자리를 찾아서 담요를 깔고 나와 함께 누웠다. 아버지가 하늘을 가리켰다. 하늘에는 거대한 유성비가 떨어지고 있었다. 수만 점의 빛이 하늘을 십자형으로 가로지르고 있었다."

그의 영화 〈미지와의 조우(Close Encounters of the Third Kind)〉에서는 주인공 가족이 야외로 나가는 길가에서 밤하늘의 수많은 별을 관찰하는 내용을 담고 있다. 이는 그가 어린 시절 겪었던 일화 내용을 시나리오로 옮긴 것이다. 그는 어린 시절에 아버지에게 카메라를 선물 받았다. 그를 영화감

독이 될 수 있게 해준 것은 아버지가 준 8mm 무비 카메라였다.

스티븐 스필버그는 상상력이 풍부하고 활동성이 많은 아이였다. 성공한 스티븐 스필버그 뒤에는 그를 인정하고 상상력을 응원해준 부모가 있다. 부모는 우뇌 성향이 강한 스티븐의 말과 행동을 걱정하면서도 그를 적극적으로 지지하고 도와줬다.

창조와 혁신을 이룬 위인과 성공자 뒤에는 어린 시절 자녀를 믿고 상상력을 키워준 부모가 있었다. 아이의 상상력은 인간의 가장 위대한 창조력이다.

스필버그의 부모는 아이의 행동을 세심히 관찰했다. 아이가 좋아하고 관심 있는 것을 함께 경험하고 공감대를 형성했다. 아이를 응원하고 지지했다. 아이의 미래는 부모의 자세와 태도에 달려 있다고 생각했다. 아이의 상상력은 행복한 가정에서 비롯된다고 여겼다.

• <브레인 독서법> 핵심 포인트

상상력을 발휘하는 브레인 독서 코칭

브레인 좌뇌 성향은 책으로 추상적 사고력이 발달되어 상상력이 풍부해진다. 책을 읽고 이해력이 빠르며 독서 습관은 좌뇌의 언어 기능을 활성화하고 상상력으로 우뇌 기능을 발달시켜 활성화한다. 아이의 상상력은 인간의 가장 위대한 창조력이다.

7

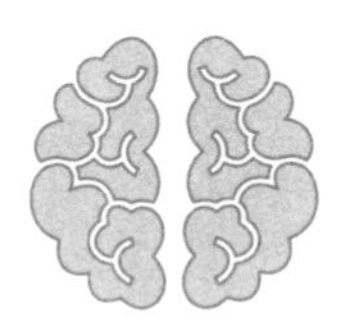

창의성을 키우는 브레인 독서 코칭

"모든 아이는 창의력이 풍부하며 모두 창의력을 가지고 태어난다. 다만 그 창의력을 키우는 것도, 잠재우는 것도 자녀에 대한 부모의 양육에 달렸다."

태어나면서부터 갖고 있는 창의적 재능은 자극을 받고 격려를 받으면 꽃을 피운다. 이를 최대한으로 키우고 성장시키는 것은 무엇보다 중요한 일이다. 이에 따라 생활 전반에 커다란 차이가 나타나게 된다. 창의성이란 독창성을 의미한다. 자기 나름대로의 방법으로 어떤 문제를 잘 대처하는 것을 말한다. 자신의 재능을 최대한 살리면서 독자적인 생각으로 무슨 일에나 관심을 갖고 자라는 아이들은 풍부한 상상력을 바탕으로 창의성을 가지고 인생을 살게 된다고 『어머니 아버지, 나도 영재로 키워주세요』의 저자 웨인 다이어는 말했다.

나는 특별한 재능을 가진 아이를 많이 만났다. 이들은 독창적인 재능이 한 가지씩 다 있었다. 하지만 아이들은 자기 자신의 재능을 인정하지 않았다. 학교에서 우등생이 되지 못한 열등감과 불만이 더 컸다. 부모 역시 아이의 재능보다 성적이 더 우선이었고, 호기심과 창의력은 충동성과 반항으로 보았다. 그러나 이를 잘 극복한 아이와 부모도 있었다.

"꺼져! 싫어. 안 줘!!"(씩씩거리며 누나를 때린다.)

"내 꺼잖아. 줘!"(으~앙)

"내 꺼야!"

"엄마! 지호가 내 꺼 가져가서 안 줘!"

(지호는 누나를 발로 찬다.)

(맞은 민희는 크게 운다.)

나는 지호네 집에 도착해서 지호가 누나랑 싸우며 소리치는 모습을 지켜보고 있었다. 내가 집에 들어서는데도 두 남매는 싸우느라 나를 보지 못했다. 민희는 초등학교 3학년이고, 지호는 초등학교 1학년이다. 1학년 지호는 언어 발달이 늦어서 이해력과 표현력이 또래보다 낮았다. 그에 비해 민희는 공부도 잘하고 똑똑했다. 누나와 동생은 2살 터울이지만 언어 발달 차이는 3살 이상이었다. 민희는 동생 지호를 무시했고, 무시당한 지호는 누나를 때렸다. 남매는 늘 싸우고 시끄러웠다. 어머니는 필리핀에서 왔고 한국어와 영어를 잘했다. 어머니는 자녀들의 교육에 관심이 높았다. 그런데 지호가 말도 늦고 학교에 적응을 못해 걱정이 많았다.

민희네는 다문화 가정으로 매주 2회씩 가정 방문으로 6개월간 만났다. 민희는 지호가 동생인데 누나를 때리고 얕잡아 보는 걸 싫어했다. 동생보다 똑똑하다는 것을 자랑하고 싶어했다. 동생 지호는 자신보다 똑똑한 누나가 잘난 척하는 모습이 싫었다. 지호가 잘하는 행동은 고집을 부리고 누나의 것을 뺏는 것이었다. 어머니는 지호에게 누나 말을 잘 들어야 한다고 해도 소용이 없다고 했다. 거의 매일 같이 전쟁이라고 했다. 둘이서 돌아가면서 울고불고 어머니는 너무 속상하다고 했다.

나는 민희와 지호 수업을 따로따로 했었다. 지호를 먼저 수업하면서 언어 문제를 해결하기 위해 글자 익히기와 그림 이해로 어휘력을 높이는 수업을 했다. 그리고 나서 민희 수업은 독후 활동으로 그림 그리기와 만들기 수업을 했다. 수업이 끝나면 어머니에게 피드백을 해주고 아이들의 양육에 대해 코칭했다. 이렇게 3개월쯤 지나고 남매는 함께 수업을 했다. 나는 수업하면서 규칙을 몇 가지 제시했다. 순서 정하기, 양보하기, 공정하기 위해 가위바위보 결정하기, 싸우거나 울면 수업 안 하기 등을 제시했다. 그리고 수업에서 책 읽고 어휘력 게임을 했다. 빙고 게임, 사다리 게임, 낱말 맞추기 등을 해서 이긴 친구에게 선물을 줬다. 아이들은 재미있게 잘 따라왔고, 집에서 할 수 있도록 어머니에게 진행 방법을 설명해주었다.

마지막 날 가족은 모두 행복한 모습이었다. 아버지는 나를 위해 회를 준비하며 '감사하다'는 인사를 했다. 이제 민희는 동생 지호에게 책도 읽어주고 글자도 잘 가르쳐준다. 지호는 누나 말을 잘 듣고 누나를 의지했다. 어머니보다 누나 말을 더 잘 듣는다. 아버지도 일찍 퇴근하시면 아이들과 시간을 함께 보낸다. 어머니는 영어 학원을 오픈해서 운영하고 있다.

남과 다르다는 것은 창의적인 것이다. 문화가 다르다는 것을 인정하고 수용하면 더 창의적일 수도 있다. 그것은 남과 다르게 자기답게 살아간다는 것이다. 나는 부모에게 민희와 지호가 다른 아이와 다르다는 것을 인정하는 것이 중요하다고 했다. 그리고 다른 문화를 융합하고 창조하도록 도와줘야 한다고 말했다. 남과 다르다는 것은 그 누구보다 뛰어나고 훌륭한 인재가 될 수 있다는 것이다.

내년에 초등학교 입학을 앞두고 채원이와 어머니가 센터에 왔다. 2년 전 채원이는 늦은 언어 발달 때문에 언어치료 상담차 센터에 처음 방문했었다. 그 당시 어머니와 채원이의 놀이 장면을 촬영했었다. 어머니와 채원이는 각자 장난감을 갖고 놀다가 채원이가 물어보면 대답해주는 모습이었다. 채원이가 묻지 않으면 아무런 말없이 채원이만 바라보았다.

어머니는 영상을 보며 놀라워했다. 자신의 행동이나 태도가 채원이에게 영향을 준다는 생각을 못 했다고 한다. 말이 늦은 채원이만 보면서 걱정을 했다.

나는 채원이를 바꾸려면 어머니가 변해야 한다고 했다. 어머니가 변하겠다고 하면 적극적으로 돕겠다고 했다. 그러면 채원이는 언어치료를 받지 않아도 된다고 했다. 어머니는 변하겠다고 다짐을 했다. 채원이는 전뇌가 발달하는 시기이다. 언어 자극으로 언어가 활성화되어야 했다.

현재의 행동 특성은 좌뇌 성향이 높아 보였다. 그러나 아직 전두엽이 발달하지 않은 시기이므로 섬세하게 지켜봐야 한다. 그리고 약한 우뇌가 위축된 모습이므로 우선 우뇌를 발달시켜 활성화해야 했다. 우선 채원이와 다양한 활동적인 경험과 감정 소통으로 어머니와 친밀감을 형성해야 한다. 그리고 채원이와 함께 책을 보면서 언어 표현력을 높여줘야 한다.

"선생님, 안녕하세요."

"우와!! 예쁜 공주님은 누구세요?"

"하하하, 나 채원인데요."

"예쁜 공주님이 채원이였구나!"

말도 많고 표정도 밝게 달라졌다. 작년에 왔을 때는 나를 피하고 어머니만 졸졸 따라다녔었다. 표정도 어두웠던 아이였고 질문에 대답도 안 하던 아이다. 1년 만에 많은 변화가 있었다. 그리고 어머니를 보니 어머니가 완전히 달라져 있었다. 채원이 어머니는 자신이 360도 달라졌다고 했다. 채원이를 위해 수다쟁이 어머니가 되었다. 책도 더 많이 읽어주고, 함께 체험 활동도 다녔다. 적극적이고 긍정적인 모습으로 변했다. 어머니는 부모의 변화는 아이를 변화하게 한다며 주변 지인들의 상담도 해주고 있다고 했다.

어머니는 채원이 입학을 앞두고 다시 센터를 찾았다. 달라진 채원이를 보니까 좋긴 한데 학교를 보내려니 걱정이 된다고 했다. 나는 어머니의 불안감에 공감했다.

"지금처럼 채원이의 자율성을 존중하고, 긍정적으로 바라보세요. 채원이가 자신을 믿고 창의적 잠재력을 발현하도록 도와주세요!"

채원이는 놀이에 집중도 잘하고 상상의 세계로 몰입하는 모습이다. 머릿속으로 그리고 생각하는 이야기를 설명하거나 질문하며 공상의 세계에서 논다. 이때 부모는 아이가 원하면 적극적으로 역할 놀이에 참여해야 한다. 창작 활동에 열중해본 경험이 있는 아이는 자신의 목표를 향해 노력한다. 부모는 아이가 도전하는 일에 몰두하도록 응원하고 도와줘야 한다. 그러면 아이는 창의력을 키우게 된다.

창의력이 넘치는 아이는 지식을 늘이고 문제를 푸는 재미로 공부한다. 끈기 있고 자발적으로 공부하게 된다. 나는 어머니에게 이제는 학부모로 함께 성장해야 할 때라고 말했다. 초등 시기 전두엽이 발달할 때 〈브레인 독서법〉으로 브레인 성향에 맞게 아이는 부모와 함께 독서해야 한다. 아이가 천재적 재능을 발현하는 것은 부모의 자세와 태도에 따라 달라진다고 했다. 그러면 아이는 풍부한 상상력을 바탕으로 창의성을 가지고 인생을 살게 된다.

•〈브레인 독서법〉 핵심 포인트

창의성을 키우는 브레인 독서 코칭

초등 시기 전두엽이 발달할 때 〈브레인 독서법〉으로 브레인 성향에 맞게 아이는 부모와 함께 독서해야 한다. 아이가 천재적 재능을 발현하는 것은 부모의 자세와 태도에 따라 달라진다고 했다. 아이는 풍부한 상상력을 바탕으로 창의성을 가지고 인생을 살게 된다.

8

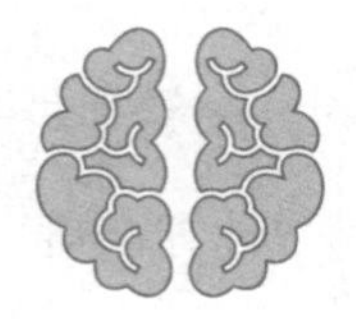

사회성을 키우는 브레인 독서 코칭

사라는 유대인 이민 가정 출신으로 중국 상하이에서 태어났다. 결혼 후 2남 1녀를 둔 평범한 어머니였다. 이혼 후 세 자녀를 키우게 되어 고국 이스라엘로 갔다. 사라는 경제적으로 궁핍한 생활이었지만 아이들을 성공시키고 싶었다. 어머니로서 집안일을 도맡았고, 춘권 장사로 생계를 책임졌다. 일을 하다 말고 학교에 도시락을 배달해줄 정도로 열혈 어머니였다. 자신은 어머니로서 꽤 잘한다고 생각했지만 유대인 이웃들의 생각은 달랐다. 그들은 "잘못된 가정 교육을 이스라엘에 퍼뜨리지 마세요.", "자식을 마음껏 사랑할 수는 있지만 부모가 자식을 대신해서 자라줄 수는 없어요."라는 가시 돋친 말을 던졌다. 사라는 뼈아팠지만, 이때 전형적인 '동양인 어머니'에서 '유대인 어머니'로 거듭났다고 했다.

사라는 아이들을 위해 모든 걸 해주는 대신 아이들을 믿어보기로 했다. 아이들이 못 할 거라고 단정 짓는 대신 아이들이 하는 걸 지켜보기로 했다. 그 덕분에 자녀들은 세계적으로 인정받는 성공자가 되었다. 그녀는 절반의 사랑을 감추고도 아이를 크게 키운 자신의 이야기를 세상의 모든 부모에게 전해주고 싶다고 했다. 그녀는 『유대인 어머니의 힘』의 저자 사라 이마스이다. 그녀는 아이의 사회성에 부모의 역할이 중요하다고 말한다.

"부모는 사회성을 길러줄 가장 좋은 코치이자 멘토이다."

아이의 사회성 부족을 탓하기 전에 사회성이 발달하는 과정을 알아야 한다. 유대인 교육가 지크 루빈(Zick Rubib)은 아이가 친구를 사귀는 4단계의 과정이 있다고 했다. 3~4세는 자기중심적 단계로 자기 자신을 위해 친구를 사귄다. 4~6세는 자기만족적 단계로 서로의 이익을 위해 친구를 사귀지 않는다. 6~9세는 상호 이익 단계로 사귈 때 서로의 이익을 위해 친구를 사귄다. 9~12세는 친밀 단계이다. 아이는 겉으로 드러난 행동보다 친구의 행복감에 관심을 보인다. 비로소 친밀한 관계를 형성한다. 만약 이때 친구를 사귀지 못하면 청소년 또는 성인이 되어서도 진실한 친구를 사귀기 힘들다고 했다.

우빈이는 초등학교 3학년이다. 잘생기고 키도 키다. 부모는 직장인이고 할머니께서 돌봐준다. 형과 누나는 대학생으로 함께 살지 않는다. 우빈이는 조용하고 말이 없다. 친구들과 잘 어울리지 못하고 거의 온종일 핸드폰 게임만 한다. 학원도 가지 않는 날이 많다. 어머니는 우빈이가 친구가 없어서 사회성이 없다며 걱정했다.

"우와! 잘생긴 연예인 우빈이닷!!"(우빈이는 씨~익 웃는다.)

"웃으니까 더 멋진데!!"(양손 엄지손가락을 세우며)

나는 우빈이에게 더 활발하게 인사했다. 우빈이는 잘 웃지도 않았고, 나를 보면 고개만 끄덕했다. 한 달쯤 지나면서 살짝 웃기 시작했다. 마치고 나갈 때 인사도 했다.

"안녕히 계세요."(살짝 웃으면서)

"그래, 연예인 우빈이가 인사해주니 영광이네! 잘 가!"

우빈이는 잘생긴 얼굴에 비해 표정이 어둡고 우울해 보인다. 말이 없고 조용했다. 3학년에 올라와서 게임에 더 집중하는 모습이라고 했다. 우빈이에게 학교에서 가장 힘든 점을 물었다. "한 달 전에 친구와 싸웠어요. 어떻게 말을 해야 할지 몰라서 사과를 안 했어요."라고 한다. 친구와 잘 지내고 싶은데 소통하는 방법을 모르고 있었다. "그런 일이 있었구나. 우빈이가 마음고생이 많았네."라며 머리를 쓰다듬어줬다.

나는 강은옥의 『공감 씨는 힘이 세!』를 들고 와서 우빈이와 함께 책을 보았다. 우빈이에게 어떤 생각이 드냐고 물었다.

"친구한테 미안하다고 사과를 해야겠어요. 그냥 솔직하게 말하면 될 것 같아요."

"훌륭한 생각을 했네. 우빈이는 잘할 수 있을 거야!"(엄지 척) 우빈이는 잘할 수 있다며 격려해줬다. 그리고 책을 보며 우빈이에게 친구에게 어떻게 말하면 좋을지에 대해 좋은 단어와 문장에 밑줄을 긋게 했다. 노트에 옮겨 적어서 크게 소리 내어 읽게 했다. 그리고 그 문장을 다시 친구에게 말할 사과문으로 바꿨다.

"현수야, 지난번에 내가 너한테 욕해서 미안해. 사과할게."

우빈이는 소리 내서 읽고 "이제 친구한테 말할 수 있겠어요."라고 했다. 나는"우빈이가 용기 내줘서 고마워, 그리고 실수해도 괜찮아."라고 말해줬다.

우빈이는 감정 표현과 공감력이 약한 좌뇌 성향으로 우뇌를 발달시켜 활성화해야 하는 아이이다. 친구와 관계를 형성하면서 공감하는 대화가 서툴러서 실수를 했다. 친구에게 욕을 하고 그 누구에게도 말을 하지 못했다. 혼자서 끙끙거리면서 속앓이를 했었다.

초등 아이는 사회성을 키우려면 부모와 소통하는 긍정적 대화가 중요하다. 부모는 아이를 존중하며 부드럽고 친절하게 표현해야 한다. 아이는 다양한 친구들을 사귀면서 가정에서 배웠던 관계 방식을 자연스럽게 친구와의 관계에서 드러낸다. 부모와 아이의 관계는 아이의 사회성과 관련이 있기에 더욱 중요하다.

"민섭아!! 내려와."

"싫어! 안 갈 거야."

"수업 종 쳤는데 교실에 가야지."

"안 갈 거야! 싫어!"

민섭이는 학교 운동장에 있는 구름사다리 위에 올라가서 앉아 있다. 쉬는 시간에 구름사다리에서 놀고 있던 민섭이가 갑자기 친구들을 향해 모래를 뿌렸다. 주위에 있던 친구들은 아무도 구름사다리로 가지 않았다. 민섭이가 모래를 뿌리면서 혼자 구름사다리를 독차지하고 있다. 그러는 사이 종이 울렸고, 친구들은 모두 교실로 들어갔다. 하지만 민섭이는 아무도 없는 운동장에 혼자 구름사다리를 타고 올라간다. 담임 선생님은 민섭이를 설득해서 겨우 내려오게 했다고 한다. 민섭이는 초등학교 1학년이다.

어머니는 담임 선생님께 전화를 받고 너무 놀랐다고 한다. 민섭이가 별나긴 해도 막무가내는 아니라고 했다. 오늘 학교에서는 왜 그랬는지 물어봐도 말을 안 한다고 했다. 나는 민섭이에게 간식을 주며 오늘 학교에서 있었던 일을 물었다.

"내가 구름사다리에 있는데 애들이 구름사다리로 몰려왔어요."

민섭이는 쉬는 시간에 구름사다리에서 놀고 있었다. 그런데 교실에서 친구들이 몰려나오는 모습을 보고 구름사다리를 뺏기고 싶지 않아서 친구들에게 모래를 뿌렸던 것이다. 이런 행동은 사회성 발달 단계가 낮은 '자기 만족 단계'에 있는 모습이다. 민섭이는 행동보다 마음을 읽어줘야 하는 아이다. 나는 민섭이에게 "우와!! 친구들이 몰려와서 엄청 놀랐겠다."라고 민섭이 마음을 읽어줬다. 민섭이는 "네."하고 밝게 웃으며 간식을 맛있게 먹었다.

민섭이는 잘 웃고 밝으며 관계 형성에서 친밀감을 선호하는 우뇌 성향 아이다. 그리고 친구를 사귀면서 자기 이익을 먼저 생각하는 시기이다.

이때 부모와 긍정적 관계로 아이의 사회성을 키워줘야 한다. 다양한 사회성 관련 책을 보면서 아이와 소통하며 함께 공감해야 한다. 아이가 실수한 마음을 헤아려주고 품어줘야 한다. 용기를 갖고 다시 도전하며 더 나아지도록 격려해줘야 한다.

우뇌 성향인 민섭에게는 부모와 친밀감과 신뢰감이 우선 형성되어야 한다. 그리고 부모와 함께하는 〈브레인 독서법〉을 통해 민섭이는 공감과 소통으로 안정감을 느끼고 이해력을 높이게 된다. 그러면 민섭이는 좌뇌를 발달시켜 자연스럽게 사교성을 배워 사회성이 키워진다.

아이는 부모가 살아가는 삶의 방식을 배운다. 부모는 자신의 삶을 존중하고 긍정적으로 살면서 소통하고 남을 배려해야 한다. 이는 아이에게 정서적 안정감을 주며 부모의 삶을 자연스럽게 배우게 한다. 가족의 화합은 경제적 능력이 아니라 부모의 긍정적인 마인드와 사랑이다. 부모는 아이의 사회성을 위해 건강하고 밝게 성장하도록 도와줘야 한다. 다른 사람을 배려하고, 공감할 수 있는 선한 인격체로 자랄 수 있도록 기반을 만들어줘야 한다.

부모는 따뜻하게 아이의 마음을 헤아려주고, 배려해줘야 한다. 생각을 격려해주고, 이해해줘야 한다. 행동을 기다려주고, 공감해줘야 한다. 아이의 사회성은 가정에서 충분히 훈련되어야 한다.

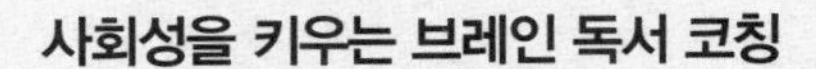

사회성을 키우는 브레인 독서 코칭

아이는 9~12세에 친밀 단계로 겉으로 드러난 행동보다 친구의 행복감에 관심을 보이며, 비로소 친밀한 관계를 형성한다. 만약 이때 친구를 사귀지 못하면 청소년 또는 성인이 되어서도 진실한 친구를 사귀기 힘들다. 아이의 사회성은 가정에서 충분히 훈련되어야 한다.

5장

〈브레인 독서법〉이 아이의 미래를 결정짓는다

아이들을 위한 시

– 도종환

이 아이들의 가슴 속에
무슨 꽃이 피고
어떤 나무가 자라는지
나는 알지 못 한다

그래도 나는 이 아이들이 좋다

이 아이들의 마음속에
어떤 바람이 불고
어떤 구름이 지나가고 있는지
나는 보지 못하였다
그러나 나는 안아주고 싶다

(중략)

그래도 나는 바란다
눈동자가 까만
이 아이들의 기도가 이루어지길
서귀포 모래밭 순비기꽃보다
더 순한 빛깔이 그들에게서 나오고
천년을 사는 사오댄 나무보다
더 오래가는 생명이
그들에게서 시작되므로

[초등 2학년 독후감 / 이성찬]

• 책 이름 : 라이트 형제 / 기록 날짜 : 2009년 1월 19일

• 줄거리 : 라이트 형제는 비행기를 만들고 글라이더도 만들고 자전거도 만들었다. 처음에는 글라이더가 실패되고 두 번째에는 성공이었다.

• 느낌 : 나도 하늘을 날고 싶다. 나는 하늘을 난 적이 없어서 날고 싶다. 재미겠다.

[초등 3학년 독후감 / 이성찬]

• 책 이름 : 라이트 형제 / 기록 날짜 : 2009년 11월 5일

• 줄거리 : 라이트 형제는 작은 자전거 가게 주인에서 하늘을 나는 꿈을 이루어낸 위대한 발명가가 된 거예요. 그로부터 100년이 지난 지금, 비행 기술은 우주를 다녀올 수 있을 만큼 빠르게 발전했어요. 하지만 이 모든 것은 라이트 형제가 비행기로 하늘을 난 12초에서 시작되었답니다.

• 느낌 : 12초밖에 안 되었는데 높은 하늘을 날아서 참 기분이 좋다.

아들의 일기(마공), 독후감, 필사를 보면 초등 3학년 때 쓰기가 향상되었다. 초등 1, 2학년 때 학습에 대한 어려움이 컸다. 나는 '내가 잘못 가르쳐서 그런가?'라며 자책했었다. 어떻게 해야 할지 몰라서 답답했다. 나는 공부를 해야겠다고 다짐했다. 아들이 초등 3학년 때 나는 서울사이버대학교 상담심리학과 3학년에 편입했다. 아동심리를 배우면서 아들의 마음을 이해하려고 노력했다. 하지만 책을 읽고 이해시키기는 너무 어려운 일이었다. 반복적으로 학년을 무시하고 책을 보게 해야 했다. 나에게 어려운 선택이었다. 그 당시 아들의 브레인 성향과 뇌 기능을 이해했더라면 하는 생각을 하게 되었다. 아들을 믿고 독서를 더 지속적으로 했더라면 아들은 다른 삶을 살았을까? 라는 생각이 들었다. 하지만 나는 더 눈부실 아들을 바라보기로 했다. 지금 아들과 소통이 잘되고 신뢰하는 관계를 감사하게 생각한다.

뇌 과학에서는 기억에 대한 다양한 연구들이 발표되고 있다. 그중 커넥톰이 기억과 관련이 있다고 했다. 『커넥톰, 뇌의 지도』의 저자 승현준 교수는 기억이 강해질 수도 있고, 약해질 수도 있고, 기억이 생성될 수도 있고, 소멸될 수도 있다고 했다. 기억이 강해질 수도 있고 약해질 수도 있는 변화성을 재가중(reweighting)이라고 한다. 그리고 기억이 생성될 수도 있고, 없어질 수도 있는 현상을 재연결(reconnection)이라고 한다. 그러나 이러한 기억이 경험과 유전자를 명확하게 구분하지 못한다고 했다.

착한 아이다. 요즘은 아이가 3살부터 어린이집을 다니는 경우가 많다. 일찍부터 단체 생활을 했던 아이들은 초등 1학년이 되면 익숙한 모습으로 학교생활을 한다. 순응적인 아이, 착한 아이가 모범적인 아이가 된다. 순응적이고 착한 아이는 새로운 생각과 도전적인 행동을 하지 못한다.

모든 아이는 새로운 것을 생각해내고, 새로운 생각을 능동적으로 도전하려는 능력이 있다. 독립적이고 스스로 자기의 생각을 인정받는 아이, 생각이 엉뚱한 아이, 새로운 것을 경험하려는 아이, 이런 모든 아이가 창의적 인재로 성장할 수 있다.

"서준 어머니, 서준이가 수업시간에 산만하고 움직임이 많아요. 일주일 지켜보았는데 심해서 연락했어요. 심리상담을 받아보세요."

어머니는 서준이를 초등학교에 입학시키고 일주일 뒤에 담임 선생님에게 연락을 받았다. 어머니는 둘째를 업고 울면서 하소연을 했다. 서준이가 학교에 적응 못 하는 것이 자신 때문이라고 말했다. 둘째를 낳고 우울증이 왔는데 서준이에게 짜증을 많이 냈다고 한다. 어머니는 서준이와 대화를 해보지도 않았다. 담임 선생님 연락을 받고 혼자 자책하는 모습이었다. 나는 어머니를 안정시키고 서준이를 만났다.

"서준아, 학교생활은 재밌니?"

"네! 친구들이 많아요."

"그렇구나, 친구들도 많고 재밌겠네. 그럼 수업은 재밌어?"

"(눈치를 보며)… 네…."

서준이가 머뭇거리면서 대답을 했다. 서준이는 수업시간에 몇 번 지적을 받았다. 수업시간이 재미가 없었다. 쉬는 시간에 친구들과 노는 것이 재미있다고 했다. 등교해서 책 읽기를 하지만 무슨 내용인지 모르겠다고 했다. 서준이는 독서가 재미없고 책을 좋아하지 않았다. 서준이는 표정이 밝고 질문에 대답을 잘했다. 나는 서준이와 그림을 그리며 대화를 했었다.

어머니는 둘째가 태어난 지 7개월 된다고 했다. 그러면서 서준이에게 신경을 못 썼다고 한다. 서준이 어릴 때는 책을 자주 읽어주고 함께 놀아주며 시간을 보냈다. 서준이도 책을 좋아했다. 하지만 둘째를 임신하고 입덧이 심했다. 그때부터는 서준이에게 책을 읽어주지도 함께 놀아주지도 못했다. 둘째 낳고 생활의 변화가 많았다. 두 아이를 혼자 양육하면서 우울하고 무기력한 생활에 힘들었다. 나는 서준이의 학교생활을 적응시키기보다 어머니의 심리적 안정이 우선되어야 할 것으로 보였다.

서준이가 학교생활에서 산만하고 책에 흥미가 없는 것은 양육자의 심리적 불안에서 비롯되었다. 어머니의 심리 안정은 아이의 성장과 브레인 발달에 영향을 미친다. 특히, 독서는 정서적 안정이 먼저 이루어져야 한다. 어머니는 안정을 찾고 서준이에게 〈브레인 독서법〉으로 책과 친해지기를 하도록 했다.

서준이는 활동적이고 호기심이 많은 우뇌 성향으로 좌뇌를 발달시켜야 하는 아이이다. 그래서 좌뇌 발달을 위한 〈브레인 독서법〉을 해야 한다. 우선 서준이가 좋아하는 책을 고르게 한다. 어머니는 책을 읽어주고 서준이가 좋아하는 호기심 질문법으로 내용을 이해시킨다. 그러면 서준이는 자기의 생각을 표현하게 된다. 어휘를 풍부하게 사용하며 표현하도록 해야 한다. 매일 저녁, 서준이 어머니는 남편에게 둘째를 맡기고 서준이에게 〈브레인 독서법〉으로 책 읽기를 해주고 있다. 서준이는 어머니와 책 읽는 시간이 즐겁다고 했다. 초등 때 브레인 독서는 자신의 브레인 성향에 맞는 독서로 즐거움을 느끼도록 해야 한다.

"책을 제대로 읽지 않고 그 내용을 성찰하지 않으면서 지레짐작으로 책의 뜻을 헤아리려 하는 것은 책을 한 장도 읽지 않는 것보다 오히려 해롭다."

『세종실록』에 기록된 조선의 천재왕 세종의 말이다. 그는 '독서의 왕', '공부의 왕', '창조의 왕'으로 손꼽힌다. 세종은 책을 좋아하고 신하들과 토론하기를 즐겼던 학문이 뛰어난 왕이다. 어렸을 때 밤늦게까지 책을 보다 몸이 약해져도 책을 손에서 놓지 않았다. 한 권의 책을 100번이 넘도록 읽고 또 읽었다. 밥 먹을 때도 책을 손에서 놓지 않고 늘 책을 끼고 살았다. 일찍이 독서의 중요성을 깨달았다. 아는 것이 많을수록 더 나은 세상을 만들 수 있고, 제대로 통치할 수 있다고 믿었다. 그래서 다른 사람에게도 배우고 익히는 습관을 적극적으로 권했다. '사가독서'는 세종이 처음으로 시도한 제도이다. '여가를 하사받아 독서를 하라.'는 뜻이었다. 학자들에게 유급 휴가를 주고 책을 읽도록 했다. 독서의 즐거움과 보람을 많은 사람에게 전하고자 했다. 세종의 독서는 시간과 공간을 뛰어넘어 그를 빛나는 위대한 왕으로 역사에 남게 했다.

"고기는 씹을수록 맛이 난다. 그리고 책도 읽을수록 맛이 난다."

세종은 타고난 천재이다. 그 천재적 재능을 발현하여 창조적 인재가 될 수 있었던 것은 독서에 대한 자세와 태도였다. 그의 독서법은 '백독백습'이다. 한 권의 책을 정독하면서 백 번 읽고 백 번 쓰면서 온전히 자신의 것으로 만들었다.

조선시대 왕자 교육에 첫 번째로 꼽는 것은 '독창적인 창의력'이다. 『왕처럼 키워라』의 저자 백승헌은 두뇌 발달에서 창의력이 매우 중요한 요소로 꼽힌다고 말했다. 창의력은 한 가지 사물에 대해 종합적으로 분석하면서도 정곡을 찌르는 포인트를 찾는 것을 의미한다. 왕자들의 정신 교육에서 창의력을 가졌는지 판단하는 기준은 엉뚱하고 당돌한 일면이 있으면서도 대범성을 갖추었느냐 하는 것을 보는 것이었다. 왕자가 엉뚱하고 당돌한 면이 없으면 일찍이 왕위 계승에서 탈락되었으며 왕세자 책봉조차 받지 못했다. 실제 두뇌 발달의 관점에서 어린 시절의 다소 엉뚱하고 당돌한 일면은 매우 바람직한 것이다. 두뇌 발달에서 뺄 수 없는 과정이 호기심이기 때문이다.

세종의 어린 시절은 고자질쟁이에 잘난 체하는 아이다. 고기 반찬을 좋아하고 편식으로 뚱뚱했다. 말 잘하고 활동적인 성향은 강한 우뇌 성향이다. 여기에 책을 100번 읽고 썼다. 이는 좌뇌 발달을 강화시켰다. 세종의 브레인은 강한 우뇌 성향이고 독서로 좌뇌를 강하게 발달시켰다. 그의 끊임없는 지적 탐구와 토론은 좌우뇌를 강하게 활성화시켰다. 이는 창의적 인재로 성장하였다는 것을 보여준다.

초등 독서는 아이의 브레인 성향에 맞게 시켜야 한다. 이는 좌우뇌 기능의 균형을 이루고 강하게 발달시킬 수 있는 기반이 된다. 창의적인 아이는 순응적이고 적응하려고 하지 않는다. 남들과 똑같은 행동을 하지 않는다. 타고난 창의력을 키우면 남들과 다르게 살더라도 마음이 여유롭다. 늘 새로운 일을 찾고 도전하게 된다. 초등 아이는 〈브레인 독서법〉으로 좌우뇌 기능을 발달시켜야 한다. 자신의 브레인 성향을 이해하면 독서가 쉬워진다. 초등 독서 습관은 미래로 이어진다. 이는 미래의 창의적 인재로 성장하게 한다.

•〈브레인 독서법〉 핵심 포인트

초등 브레인 독서는 창의력 인재로 성장하게 한다

초등 때 호기심이 강하고 새로운 것에 도전하는 아이는 창의력 발휘가 높을 수 있다. 타고난 창의력을 키우면 남들과 다르게 살더라도 마음이 여유롭다. 초등 〈브레인 독서법〉은 좌우뇌 기능을 발달시켜 독서 습관을 기르고 미래의 창의적 인재로 성장하게 한다.

3

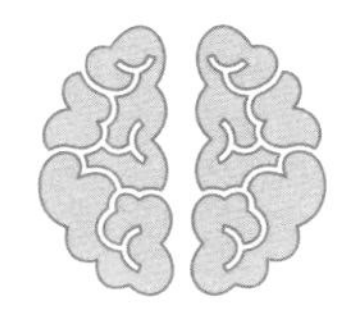

<브레인 독서법>이 아이의 미래를 결정짓는다

"내가 가장 좋아하는 친구는 책을 선물하는 사람이다."

책 읽기를 사랑한 링컨의 말이다. 가난한 집안에서 태어난 링컨은 평생에 걸쳐서 실패와 마주치는 삶을 살았다. 어머니는 그가 9세 때 돌아가셨다. 새어머니는 링컨에게 책 읽는 습관을 길러줬다. 먼 훗날 그는 새어머니를 '천사 어머니'라고 불렀다. 하지만 링컨의 아버지는 이름 정도만 쓰고 농사일을 열심히 하면 된다고 했다. 링컨은 주머니에 책을 넣고 밭으로 갔고, 잠시 쉬는 틈을 타서 책을 읽었다. 링컨은 숱한 실패를 되풀이한 사람으로 잘 알려져 있다. 가난한 집안에서 태어나 학교를 제대로 다니지 못했다. 그는 스스로 다양한 분야의 역사, 철학, 고학, 문학, 종교 등 다방면의 독서를 했다. 그리고 독학으로 변호사가 되었다.

"나도 이다음에 워싱턴 대통령 같은 훌륭한 사람이 되어야지."

링컨에게 어린 시절 가장 영향을 끼친 책은 윔스가 쓴 『워싱턴 전기』였다. 이웃집 크로포드씨에게 빌려 읽었다는 이 책에서 링컨은 조국에 대한 사랑과 충성심을 일깨웠다. 링컨은 이 책을 읽고 감격에 '온몸이 부르르 떨렸다.'고 말했다. 이 책을 통해 미국의 독립정신을 이해했고 고난 속에서도 미국을 건설한 초대 대통령 워싱턴에 대한 존경이 샘솟게 된 것이다.

"나는 선거에서 실패했다는 소식을 듣고 곧바로 음식점으로 달려갔다. 그리고는 배가 부를 정도로 많이 먹었다. 그다음 이발소로 가서 머리를 곱게 다듬고 기름도 듬뿍 발랐다. 이제 아무도 나를 실패한 사람으로 보지 않을 것이다. 왜냐하면, 난 이제 곧바로 시작했으니까. 배가 든든하고 머리가 단정하니 내 걸음걸이가 곧을 것이고, 내 목에서 나오는 목소리는 힘찰 것이다. 이제 나는 또 시작한다. 다시 힘을 내자."

링컨의 이런 행동은 『성경』의 시편을 보고 그대로 행동에 옮긴 것이다.

23세 주의원 낙선, 29세 의회 의장직 낙선, 31세 정·부통령 선거위원 낙선, 34세 연방 하원 낙선, 39세 상원의원 낙선, 46세 부통령 낙선, 49세 상원의원 낙선 등 51세에 대통령 당선 전까지 실패의 연속이었다. 그는 이러한 숱한 실패에도 좌절하지 않은 원천도『성경』읽기에 있었다고 한다.

그는 가정적으로도 견디기 어려운 역경을 이겨냈다. 4세 때 동생의 죽음, 9세 때 친어머니의 죽음, 25세 때 약혼녀의 죽음, 결혼 후 두 아들의 죽음과 아내의 정신병이다. 이런 절망적인 상황에서도 꿋꿋하게 일어설 수 있었던 것도『성경』읽기였다. 이를 통해 정신적·영적으로 영감을 받았기 때문이라고 말한다.

"나는 노예제도가 그 자체로 가공할 불의이기 때문에 그것을 증오한다. 나는 노예제도가 우리의 공화적 규범이 전 세계에 정당한 영향력을 미치는 것을 막고, 자유로운 제도의 적들에게 우리들을 위선자라고 비웃을 여지를 주기 때문에 그것을 증오한다."

노예 해방의 계기가 된 스토우 부인의『톰 아저씨의 오두막』이라는 소설의 일부분이다. 이 책을 읽고 노예 해방에 대한 인식과 각성을 새롭게 했다고 한다. 링컨은 대통령이 되어서도 쉬지 않고 독서를 했다. 끝내 독서에서 얻은 힘으로 미국 역사상 가장 위대한 일로 꼽히는 업적을 남기게 되었다. 그것이 바로 '노예 해방'이다.

링컨은 독서를 통해 모든 난관을 극복했다. 그는 『워싱턴 전기』를 읽고 대통령의 꿈을 품었다. 그리고 『톰 아저씨의 오두막』을 읽고 노예 해방을 다짐했다. 『성경』을 읽으며 그 꿈을 성취해나갔다. 독서야말로 어떤 실패에도 굴하지 않는 막강한 정신적 에너지의 원천임을 알기 쉽게 증명했다.

링컨은 죽을 때까지 폭넓게 독서를 했다. 이렇게 독서 습관을 잘 길러 준 배경에는 부모의 노력이 있었다. 링컨의 아버지는 거의 문맹이었다. 그렇지만 친어머니는 어린 그에게 성경을 읽어줬다. 글자를 읽고 쓰는 법을 가르쳐줬다. 링컨을 진심으로 사랑하고 존중하는 마음으로 돌보았다. 그는 어머니를 현명하고 자애로운 분이라고 말했다. 새어머니는 그에게 독서 습관이 잘 길러지도록 많은 책을 빌려다줬다. 늘 아낌없이 격려해줬다.

링컨의 어린 시절의 성품은 정직하고 성실했다. 조용하게 책을 보며 공상에 빠져 살았다. 그의 조용하고 순응적인 모습은 좌뇌 성향이다. 어려서부터 책을 소리 내어 읽으며 우뇌를 발달시켰다. 그의 독서법은 낭독하고 반복해서 읽기로 자기화를 했다. 좋은 문장은 독서 노트에 쓰면서 반복해서 읽었다. 이는 우뇌 기능을 더욱 강하게 발달시켰다. 링컨은 강한 좌뇌 성향에 우뇌를 강화하는 독서법으로 우뇌 기능을 강하게 발달시켰다. 이는 브레인의 좌우뇌를 강하게 발달시켜 활성화했다. 강해진 좌우뇌는 더욱 강한 지식을 요구했다. 링컨은 브레인 성향에 맞는 독서 습관이 공부 습관으로 이어졌다. 그의 지적 탐구는 지혜를 얻었다. 이러한 독서 습관은 미래와 이어졌다.

그는 정치의 연설에서 꽃을 피우고 역사에 남을 업적을 기록했다. 독서로 좋은 문장을 자기화해서 자신의 것으로 만들었다. 좌뇌 성향의 순차적이며 정확한 지지 기반과 우뇌 기능의 읽기 독서는 가장 강력한 말의 힘을 발휘했다. 링컨은 1861~1865년까지 재임한 미국의 제 16대 대통령이다. 그가 남긴 업적인 '노예 해방'은 144년 뒤인 2009년에 제 44대 대통령 자리에 흑인인 오바마를 앉히도록 만들었다. 링컨은 강한 좌우뇌를활성시키는 독서로 미래를 결정지었다.

의사 이언 맥길크리스트의 저서『주인과 심부름꾼』에서는 브레인의 좌우뇌가 전혀 다른 세계관을 갖고 있다고 했다.

"좌뇌는 세계를 효율적으로 활용하도록 설계되어 초점이 좁고 경험보다 이론을 높이 평가한다. 생명체보다 기계를 선호한다. 명시적이지 않은 것은 모조리 무시한다. 공감하지 못하고 부당할 정도로 자기 확신이 강하다. 그러나 우뇌는 세계를 훨씬 더 넓고 관대하게 이해한다. 좌반구의 맹공격을 뒤집을 만한 확신이 없다. 아는 내용은 더 섬세하고 다측면적이기 때문이다. 우리 브레인은 반드시 좌우뇌 두 반구가 함께 작동해야 한다고 했다."

미래는 다양한 콘텐츠로 변화와 혁신의 시대이다. 아이는 미래 변화에 자신의 잠재 역량을 발휘하여 자신의 삶을 결정하도록 키워야 한다. 이는 아이에게 독서가 중요한 이유이다.

〈브레인 독서법〉이 미래의 혁신적인 삶을 결정짓는 세 가지 이유다.

첫째, 자신을 잘 이해하게 된다.

: 자신의 브레인 성향 이해로 자기 자신을 잘 알게 된다. 자신을 이해하게 되는 것은 자신의 강점과 약점을 알게 되는 것이다. 그러면 강점을 활용해서 약점을 보완할 수 있다.

둘째, 자신의 정서 조절력을 갖게 한다.

: 인간관계에서 가장 중요한 것은 감정을 조절한 언어적 소통이다. 좌우뇌가 균형적일 때 언어적 의식은 확장되어 소통이 잘 이루어진다.

셋째, 자율성으로 협력한다.

: 좌우뇌의 기능 발달이 활발해지면 문제의 핵심을 이해하고 협력과 소통으로 문제를 해결해나간다.

부모는 인내심을 갖고 아이를 믿고 기다려줘야 한다. 아이 스스로 세계관을 갖고 미래로 한 걸음씩 걸어 나아가도록 해야 한다. 심리학자 웨인 다이어는 『아이의 행복을 위해 부모는 무엇을 해야 할까』에서 아이의 잠재된 창의력을 200% 끌어올리려면 부모의 자세가 중요하다고 말했다.

1. 부모는 아이를 도와주기 전에 마음속으로 열까지 세야 한다.
2. 다른 아이와 비교하는 것은 아이의 행동을 바꾸는 데 아무런 도움이 되지 않는다.
3. 아이의 끈질긴 질문은 부모의 관심이 필요하다는 증거다.
4. 하루에 몇 분만이라도 아이의 이야기를 들어줘야 한다.
5. 뛰어나게 잘하는 것보다는 자기 식대로 하는 게 중요하다.
6. 부모의 말 한마디에 내면의 힘이 강한 아이가 된다.
7. 부모의 칭찬은 아이의 재능을 꽃피우게 한다.
8. 유아 단계의 혀 짧은 소리는 아이의 마음을 위축시킨다.
9. 장난감은 부족하지 않을 정도면 된다.
10. 아이의 지루한 표정에 신경 쓰지 않아야 한다.
11. 아이가 혼자 있고 싶어 하는 것은 건강하다는 신호다.
12. 어질러진 방에서 아이의 창의력이 싹튼다.

•〈브레인 독서법〉 핵심 포인트

〈브레인 독서법〉이 아이의 미래를 결정짓는다

링컨은 강한 좌뇌 성향에 우뇌를 강화하는 독서법으로 우뇌 기능을 강하게 발달시켰다. 좌우뇌를 강하게 발달시켜 활성화했다. 아이는 미래 변화에 자신의 잠재 역량을 발휘하여 자신의 삶을 결정짓도록 해야 한다. 이는 아이에게 브레인 독서가 필요한 이유이다.

4

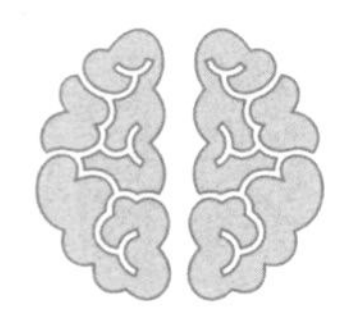

초등 브레인 독서는 메타인지적으로 공부하게 한다

"너 자신을 알라."

그리스 철학자 소크라테스의 말이다. 그는 이미 수천 년 전부터 메타인지의 중요성을 사람들에게 가르치고 있었다. 메타인지라는 용어는 1970년대 미국의 심리학자 존 플라벨(John. H. Flavell)이 처음 사용하였다. 메타는 about(~대하여)의 그리스어 표현이다. 메타인지는 자신의 인지 과정에 관한 인지 능력을 말한다. 다시 말해 내가 뭘 알고 뭘 모르는지, 내가 하는 행동이 어떠한 결과를 낼 것인지에 대해 아는 능력이다. 메타인지는 공부에 있어 절대적인 영향을 끼친다고 고영성 · 신영준의 『완벽한 공부법』에서는 말하고 있다.

"아들, 시험 잘 쳤니?"

"네!"

"그래, 다행이네."

"쉬웠어요."

아들은 초등 5학년 때 시험 치고 온 날 표정이 밝다. 나는 물을까 말까 고민하다가 조심스럽게 시험에 대해 물어봤다. 아들은 초등 저학년 때부터 한결같이 시험이 쉽다고 말했다. 나는 '엄마, 시험이 생각보다 어려웠어요. 생각이 잘 안 났어요.'라는 말을 듣고 싶었던 것 같다. 아들은 아직 자신이 무엇을 아는지 모르는지도 몰랐다. 어려워하는 문제를 내가 가르쳐주었지만 이해가 늦고 문제를 많이 풀지도 못했다. 그래도 아들은 시험 전날까지 공부를 열심히 했다. 나는 아들의 공부 속도가 더뎌도 기다리기로 했다. 이번엔 2과목 점수를 높게 받았다.

"(으시대며)엄마, 나 잘했죠?"

"우와!! 대단한데!"(하하하)

우리는 크게 웃었다. 나는 아들이 성적에 대한 기대가 크다는 것을 알았지만 대안을 못 찾았다. 아들은 공부를 이해하기도, 숙제를 다 해가기도 벅찼다. 그런데 초등 5학년 때부터는 독서가 더욱 힘들었다. 독서와 공부가 다 어려웠던 아들은 둘 중 하나만 선택해야 했다. 아들과 나는 공부를 선택했다. 그래서 중학교 때 더 힘들었던 것 같다. 아들은 스스로 공부하기까지 오랜 시간이 걸렸다. 고등학교에 와서 스스로 공부했다. 그 당시 '아들에게 맞는 공부 방법이 있을 텐데.'라는 생각만 했다. 나는 초등 때 독서 습관이 형성되지 않으면 공부도 어렵다는 것을 아들을 통해 확실히 알게 되었다. 특히, 자신의 브레인 성향에 맞는 독서가 정말 중요하다는 것을 더욱 깊이 느끼게 되었다.

도민이는 초등학교 3학년이고 편부 가정의 아이이다. 아버지의 퇴근이 늦으면 혼자 집에서 아버지를 기다렸다. 나는 일주일에 1번씩 3개월 동안 10회를 방문하여 상담하기로 했었다. 하지만 도민이가 홀로 집에서 보내는 시간이 많다며 도민이 아버지는 주 2회를 부탁했다. 요즘 부쩍 도민이가 짜증을 많이 낸다고 했다. 도민이는 나를 보며 반갑게 맞이했다.

"안녕하세요. 선생님."
"그래, 도민이구나!! 인사도 잘하고 씩씩하네."
"저녁은 먹었니?"
"네, 먹었어요."

집에 들어서자 도민이의 저녁이 걱정되었다. 밥을 안 먹었다면 '챙겨 먹여야 하나?'라는 생각이 들었다. 도민이는 거의 매일 혼자 저녁을 챙겨 먹는다고 했다. 도민이는 표정도 어둡고 또래보다 키와 체격이 작았다. 나는 도민이와 수업을 하고 아버지가 올 때까지 기다렸다가 오곤 했다. 도민이는 친구와 어울리지 못하고 '왕따'라고 했다. 도민이는 스스로 책을 읽고 숙제하고 공부를 했다. 그림도 그리고 혼자서 할 수 있는 놀이를 했다. 내가 집에 오는 날이면 자랑하기 바빴다.

"선생님, 이거 보세요."

"응, 뭔데?"

"숙제를 다 했어요. 독후감도 쓰고, 그림도 그렸어요."

"우와! 도민이 대단하네! 언제 이렇게 숙제를 다 했어. 기특하네."

독후감은 학교에서 책을 빌려서 읽고 썼다. 그리고 나머지 학교 숙제도 학교에서 하다가 나머지는 집에 와서 했다고 한다. 그리고 내가 오기 전에 밥을 먹고, 그림을 그렸다고 했다. 오늘은 도민이 표정이 밝았다. 자신이 했던 일들을 자랑하듯 얘기하기 바빴다. 오늘은 아버지와 함께하는 수업으로 아버지가 퇴근하고 오길 기다렸다.

"아빠!"(달려가서 안긴다)

"밥 먹었어?"(도민이 볼에 뽀뽀하며 도민이를 안고 있다)

"응, 선생님하고 책 보고 있었어."(아버지 목을 꽉 껴안고 있다)

"안녕하세요. 선생님, 도민이가 선생님 만나고 많이 달라졌어요."(도민이를 안고 있다)

도민이는 아버지에게 안겨서 안 떨어지려고 했다. 수업을 마치고 도민이는 혼자 그림 그렸고, 나는 도민이 아버지와 이야기를 나눴다. 아버지는 도민이가 최근 안정이 된 모습이라고 했다. 나는 도민이 아버지에게 도민이의 브레인 성향과 독서에 대해 코칭했다. 나는 〈브레인 독서법〉으로 도민이의 독서 습관을 길러야 한다고 말했다.

도민이는 목표가 분명한 강한 좌뇌 성향으로 우뇌 기능을 발달시켜야 했다. 우뇌 발달을 위한 독서를 해야 한다. 어머니의 정서적 보살핌이 없는 도민이에게 어려움이었다. 그래서 나는 담임 선생님의 도움을 받기 위해 연락해서 도민이의 독서 지도를 부탁했었다.

도민이에게 맞는 〈브레인 독서법〉은 자기에게 맞는 문장과 책을 소리 내어 읽기이다. 처음에는 도민이가 좋아하는 책으로 시작해야 한다. 교과 연계 도서를 비롯하여 과학, 문학, 역사, 예술, 인문 등 다독과 점차 심화 독서로 확장해야 한다. 어려운 책은 여러 번 읽고 단어 찾기로 뜻을 이해하게 해야 한다. 쓰기는 감정 단어와 공감되는 문장을 표시했다가 노트에 베껴 적고 여러 번 소리 내어 읽어서 자신감이 생기도록 해야 한다. 그리고 도민이의 독서를 믿고 지지해 주는 긍정적인 역할을 해줄 사람이 필요했다.

나는 아버지에게 도민이가 학년이 올라갈 때마다 담임 선생님에게 독서 지도를 부탁해야 한다고 말했다. 나는 도민이를 위해 매우 중요한 일이므로 〈브레인 독서법〉과 담임 선생님에게 부탁하는 일을 상세히 설명했다. 어머니가 없는 도민이에게 담임 선생님은 긍정적 지지자가 되어주고 공감해주는 영향력 있는 분으로 도민이의 독서와 공부에 있어서 절대적이다.

도민이에게 〈브레인 독서법〉으로 독서 습관이 길러지게 해야 한다. 지금 도민이에게는 책을 더 좋아할 수 있도록 하는 보상이 필요하다고 했다. 아버지에게 도민이와 함께 독서 목표를 세우고 달성할 수 있도록 선물을 제공하면 도민이에게 동기부여가 된다고 했다.

"도민아, 선생님이 재밌게 책 읽는 방법 알려줄까?"

"나 혼자도 책 잘 읽는데요."

"응, 알아. 이번에는 아빠와 독서 목표를 세우고 달성하면 선물을 줄거야."

"와! 진짜요?"

5

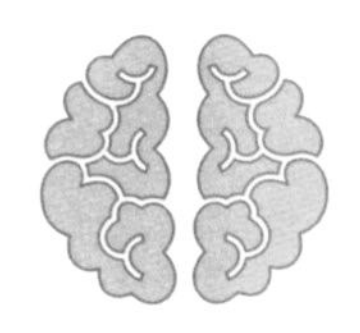

어휘력 높이는 <브레인 독서법>은 상상하게 한다

부모는 어떻게 아이의 어휘력을 높일 수 있을까? 아이가 태어나서 말하기와 언어 능력 형성에 있어서 결정적 시기는 36개월까지다. 이때 부모가 풍부한 언어적 환경을 어떻게 만들어주느냐에 따라 아이의 어휘력은 달라진다. 어휘력이 풍부하고 기초 지식이 튼튼한 아이로 자라게 해주려면 책 읽기를 즐겨야 한다. 어휘력은 책을 읽고 이해하는 데 가장 기초적인 자료가 된다. 그래서 어휘력이 높으면 자기 생각을 말로 잘 표현한다. 초등 아이가 자신에게 맞는 독서를 하면 어휘력이 높아진다. 자신에게 맞는 독서는 쉽고 재미있다. 그러면 아이는 어휘력이 높아지고 상상력이 풍부해져서 창의적인 생각을 하게 된다.

나는 초등 고학년 아이들과 독서 토론을 하고 있었다. 송재환의 『초등 1학년 공부, 책 읽기가 전부다』에서 초등 6학년이 '이튿날'을 몰라서 수학 문제를 틀렸다는 글을 보았다. 그래서 아이들에게 문제를 내보았다. 보드판에 문제를 적었다.

'하루에 20분씩 빨리 가는 시계가 있습니다. 오늘 이 시계를 낮 2시에 맞춰놓았습니다. 이튿날 밤 8시에 이 시계가 가리키는 시각은 몇 시 몇 분입니까?'

갑자기 지석이가 손을 번쩍 들며 물었다.

"선생님, 이튿날은 이틀 후지요?"
"아닌데…."

정말 책에서처럼 문제보다 어휘력의 문제가 심각한 듯 느껴졌다. 아이들은 '이튿날'을 모르기도 하고, 계산을 못 하기도 하였다. 계산을 할 수 있어도 어휘를 모르면 얼마나 억울할까 싶은 생각이 들었다. 이렇듯 어휘력은 문제와도 직접적인 영향이 있다. 이 문제를 보고 서빈이는 아무렇지도 않은 듯 말했다.

준비물 : 위인전 1권, 노트, 필기구, 20개 스티커 판, 주 1회

1. 〈위인전〉을 1페이지씩 교대로 읽기

2. 1페이지 읽고 긍정적인 문장에 줄 긋기

3. 줄 그은 문장을 어머니와 지석이가 함께 읽기

4. 책을 보며 노트에 OX 문제 5개 만들기(어머니와 지석이 각자 문제 만들기)

5. 교대로 문제를 내고 맞히기

6. 지석이가 맞은 개수만큼 스티커 판에 스티커 붙이기(또는 색칠하기)

-〉 위인전을 읽으면서 자신과 비슷한 인물을 만나면 꿈 찾기가 가능해진다. 꿈이 없는 아이에게는 위인전을 읽고 독서 활동하기로 인물을 탐색함. 50개의 스티커 판이 완성되면 강화물(엄마와 지석이가 의논해서 정하고, 스티커 판은 20개 -〉 50개 -〉 100개 늘린다)

어휘력은 독서량에 비례한다. 독서량이 증가하면 어휘력은 높아지게 된다. 초등 저학년 때 독서 습관을 길러야 하는 이유가 여기에 있다. 독서량이 적으면 어휘력 빈곤으로 책을 보는 것이 어렵고 회피하게 된다. 아이가 스스로 선택한 책은 내용이 쉽고 잘 이해되어 재미있다. 아이에게 독서는 즐겁고 재미있는 놀이여야 한다. 그래서 아이에게 맞는 독서가 어휘력을 높게 한다. 아이가 브레인 성향에 맞는 독서를 해야 하는 이

유이다. 아이에게 맞는 〈브레인 독서법〉은 재미있는 독서로 어휘력을 높이고 상상력으로 꿈을 꾸게 한다.

•〈브레인 독서법〉 핵심 포인트

어휘력 높이는 〈브레인 독서법〉은 상상하게 한다

어휘력은 책을 읽고 이해하는 데 가장 기초적인 자료이다. 어휘력이 높으면 자기 생각을 말로 잘 표현한다. 초등 아이는 자신에게 맞는 독서를 하면 어휘력이 높아진다. 〈브레인 독서법〉은 재미있는 독서로 어휘력을 높이고 상상하게 한다.

6

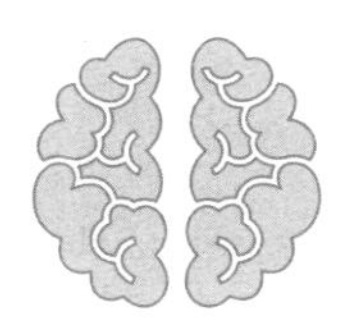

<브레인 독서법>으로 우리 아이를 사교적으로 만들자

오후에 민하는 어머니와 함께 센터로 왔다. 어머니에게 잠시 들어오라고 했더니 "선생님, 민하 데려다주려고 왔어요."라고 말하며 갔다. 민하는 평소에 혼자서도 잘 오는 아이이다. 나는 궁금해서 민하에게 어머니와 함께 온 이유를 물었다.

"민하야, 오늘 엄마랑 왔네. 엄마가 민하랑 왜 함께 왔는지 궁금하네."

"그냥 엄마가 데려다준다고 했어요."

"아, 그랬구나. 오늘 엄마랑 함께 와서 좋았어?"

"음…, 아뇨."

민하는 평소에 어머니를 무서워했다. 혹시 어머니가 무섭게 했는지 묻고 싶었다. 그러나 민하는 어머니가 데려다주는 이유가 없다는 듯 말했다. 나는 민하에게 "민하야, 오늘은 엄마가 안 무서웠어?"라고 물었다. 민하는 "네."라고 대답했다. 평소에는 무슨 말을 하다가 "엄마한테 말하면 안 돼요!"를 자주 말했다. 나는 "엄마가 무섭니?"라고 물으면 민하는 "엄마가 얼마나 무서운데요!"라고 말한다. 나는 민하 어머니와 통화를 하면서 오늘 어머니와 민하가 함께 온 이유를 알게 되었다.

"선생님, 오늘 민하가 센터에 안 가려고 해서 내가 데려다줬어요."

"아, 그랬군요. 평소에 잘 왔는데 왜 안 가려고 했나요?"

"오늘은 친구랑 놀고 싶다고 했어요. 그래서 센터 갔다 와서 놀라고 말하고 내가 데려다준 거예요."

"네. 그랬군요. 민하가 오늘 센터 오기 싫었겠네요."

"내가 너무 오냐오냐 키워서 어떤 때는 버릇이 너무 없어요. 민하 말만 다 들을 수는 없잖아요. 놀고 싶다고 무조건 놀라고 할 수도 없으니까요."

"네. 어머니 그렇지요. 그런데 오늘은 민하가 친구랑 놀고 싶은 마음을 달래고 센터에 와줘서 대견하네요. 민하 어머니, 오늘 민하가 친구랑 놀고 싶은 마음을 누르고 어머니 말을 잘 들었잖아요. 그 마음을 잘 헤아려줘야 해요. 어머니께서 민하에게 친구랑 놀고 싶은 마음을 잘 달래고 엄

서를 하는 것이 중요하다. 부모와 아이에게 맞는 〈브레인 독서법〉은 인간관계의 핵심인 사교성을 기르게 한다.

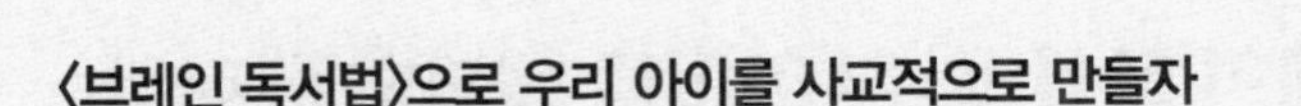

〈브레인 독서법〉으로 우리 아이를 사교적으로 만들자

대화 능력은 인간관계에서 가장 중요한 사교성이다. 인간관계에서 사교성은 최고의 사람들과 교류하게 한다. 〈브레인 독서법〉으로 부모와 아이는 서로의 브레인 성향을 이해하고 독서를 하는 것이 중요하다. 부모와 아이에게 맞는 〈브레인 독서법〉은 인간관계의 핵심인 사교성을 기르게 한다.

7

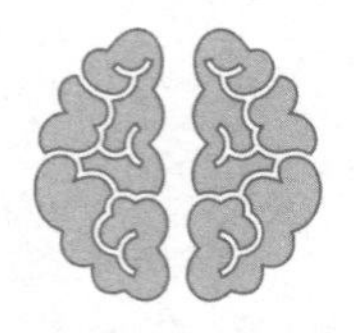

<브레인 독서법>은 아이를 행복하게 한다

"선생님, 우리 아이가 행복할 수 있을까요?"(눈물을 훔친다)

"아이에게 무슨 일이 있었나요?"

"집에 일이 많았어요. 빈이에게 미안해요. 웃지도 않고 학교도 안 가려고 해요."(운다.)

아이의 행복을 걱정하는 어머니를 만났다. 대부분 어머니들은 아이의 행동을 보고 문제라는 인식이 높다. '아이가 학교에 가지 않는다.'에 초점을 두면 학교에 가지 않은 아이가 문제인 것이다. 그러나 빈이 어머니는 '아이의 행복'을 걱정했다. 집에 힘든 일이 많았다고 한다. 집이 복잡한 실타래처럼 엉키고 꼬여 있었다. 빈이는 말이 없고 무기력한 모습이다. 이제 초등학교 3학년인데 일주일째 학교에 안 갔다고 한다.

빈이네는 가정불화로 불안정한 상태였다. 중학생 오빠는 가출을 했고, 아버지와 어머니는 매일 싸운다. 할아버지는 치매로 대소변을 가리지 못하는 상태이다. 1년 전부터 아버지와 오빠의 싸움이 잦았다. 어머니는 할아버지, 아버지, 오빠의 관계에서 매일 힘들었다. 빈이는 유치원과 초등 1, 2학년 때는 활발하고 밝은 모습의 아이였다. 그래서 어머니는 빈이가 똑똑하고 학교에 잘 다녀서 안심했다. 사실 빈이에게 신경을 못 썼다고 한다.

2학년 겨울방학 때 표정이 시무룩한 빈이를 보고 걱정이 되어 물었다. 그런데 아무런 말이 없었다. 빈이는 친구들에게 왕따를 당했지만 아무에게도 말하지 않았다고 한다. 그러다 3학년 같은 반 아이 중에 2학년 때 놀렸던 아이들이 몇 명 있었다. 빈이는 3일쯤 학교에 가다가 가기 싫다며 울었다고 한다. 어머니는 가슴이 철렁 내려앉았고 며칠 동안 계속 울었다고 했다. 어린 빈이를 챙기지 못했고 아픈 것을 몰랐다며 자신을 자책했다고 한다.

선생님 "잘 웃고 똑똑했던 아이가 웃지도 않아요."라며 흐느껴 울었다. 시들시들 다 죽어가는 모습이 이제야 들어왔다고 한다. 담임 선생님께는 몸이 아파서 병원 치료 마치면 학교에 보내겠다고 말했다. 나는 어머니

이야기를 들으면서 함께 울었다. 가슴이 너무 아팠다. 아무런 표정이 없는 빈이는 창밖에 하늘을 보고 있었다.

다행히 빈이는 그림 그리기를 좋아했다. 어머니 말처럼 빈이는 똑똑하고 예뻤다. 그림을 잘 그리고 채색도 예쁘게 했다. 빈이이게 조금 쉬운 책으로 정서적인 안정을 시켜주기 위해 미셸린느 먼디의 '마음과 생각이 크는 책' 시리즈를 함께 보았다.

『화가 나는 건 당연해!』, 『나 학교 안 갈래!』, 『나, 스트레스 받았어!』, 『슬플 때도 있는 거야』, 『넌 아주 특별해!』, 『절대 용서할 수 없어』, 『내가 도와줄게』 등 다수다.(자세한 내용은 부록 참조)

<브레인 독서법>

좌뇌 성향의 이해력 강점 활용하여 감정 & 생각 표현하기

브레인 독서 – 『나! 스트레스 받았어』

준비물 : 책 1권, 필기도구

1. 책을 소리 내어 읽기
2. 책을 읽고 긍정적인 문장 밑줄 긋기
3. 밑줄 그은 문장 소리 내어 크게 읽기

브레인 독서 활동 – [난화 스토리텔링]

준비물 : 『나! 스트레스 받았어』 책 1권, 도화지 2장, A4용지, 필기 도구, 채색도구

1. 『나, 스트레스 받았어!』를 소감 나누기
2. 도화지에 난화(낙서) 그리기(연한 색상의 색연필로 도화지에 낙서하기 : 색연필을 도화지에서 떼면 안 됨. 색연필을 들면 끝남)
3. 그려진 난화를 보며 10개의 모양 찾기(난화를 들여다보며 떠오르는 형태)
4. 찾은 10개를 모양을 예쁘게 채색하기
5. A4용지에 10개의 단어로 글짓기를 하고 제목 짓기
6. 글짓기 내용으로 그림 그리기를 하고 제목 짓기

"진정한 행복은 물질적 풍요가 아니라 긍정적 사고에서 나오는 것이다." 긍정심리학의 대가인 마틴 셀리그먼의 말이다. 아이가 행복해지기 위해 긍정적인 사고는 부모의 변화에서 시작된다. 나는 긍정심리학을 접목하여 〈브레인 독서법〉을 어머니에게 코칭했다. (자세한 내용은 부록 참조)

〈브레인 독서법〉 – [행복 만들기] : 빈(좌뇌)과 엄마(우뇌) 함께

목표 : 엄마(우뇌 성향)가 빈(좌뇌 성향)에게 공감 형성하기(신뢰감, 친밀감 강화)

1. 어머니는 빈이에게 위인전을 읽어주기

1) 주인공이 되어 감사한 점 3가지 각자 쓰기, 서로 읽고 소감 나누기

2) 오늘 나에게 감사한 점 3가지 각자 쓰기, 서로 읽고 소감 나누기

2. 주인공이 잘하는 강점을 찾아서 말하기

긍정적 강점은 창의성, 호기심, 개방성, 학구열, 통찰, 사랑, 친절, 사회 지능, 용감함, 끈기, 진정성, 활력, 관대함, 겸손, 신중함, 자기 조절, 책임감, 공정성, 리더십, 감상력, 감사, 낙관성, 유머 감각, 영성

1) 주인공의 강점 3가지 말하기

(예: ㅇㅇ는 호기심이 많아, 사람에게 친절했어 등)

2) 엄마는 빈이에게 강점 3가지 말하기, 빈이는 엄마에게 강점 3가지 말하기

빈이는 조용하고 이해력이 높은 강한 좌뇌 성향에 우뇌 기능을 발달시켜야 하는 아이이다. 공감하고 감정을 표현하는 우뇌 기능이 약했다. 친구

들에게 '잘난 체' 한다며 놀림을 받으면서 약한 우뇌 기능은 더욱 위축되었다. 좌뇌 성향이 강한 빈이에게 책은 놀이 소재가 되었다. 빈이는 이해 기반이 잘되어 책 내용을 잘 기억했고, 책 게임을 좋아했다. 위축된 우뇌 기능을 회복시켜야 좌우뇌가 발달하면서 활성화되었다. 어머니와 함께 하는 〈브레인 독서법〉은 빈이의 위축된 우뇌를 빠르게 회복시켰다.

빈이네 가족은 차츰 안정을 찾기 시작했다. 오빠와 빈이는 학교에 잘 다니고 있다. 빈이는 1년 정도 만난 아이이다. 마지막으로 가족의 행복을 위한 긍정적 대화법을 위해 다시 만났다. 빈이 부모는 가족의 안정과 아이들의 행복을 위해 적극적으로 노력하겠다고 했다. 나는 가족의 브레인 성향을 분석하고 가족의 행복을 위한 긍정적 대화에 대해 이야기를 나눴다.

빈이 아버지는 회사 중역으로 대화에서도 명확하고 분명한 것을 선호하는 강한 좌뇌 성향이다. 어머니는 밝고 감성적인 언어 표현의 말을 잘하는 강한 우뇌 성향이다. 부부의 브레인은 강한 반대 성향이었다. 서로의 대화는 이해하지 못해 늘 싸웠고 불만이 남았다.

오빠는 활동적이고 적극적인 모습이다. 호기심이 많은 강한 우뇌 성향이다. 빈이는 조용하고 이해력이 높은 강한 좌뇌 성향이다. 오빠와 빈이도 서로 이해하지 못해 자주 싸웠다. 이들의 브레인 성향은 강한 좌뇌형,

우뇌형이었다. 브레인 기능의 활성은 높았지만, 대화로 서로를 이해하기에는 어려움이 높았다.

가족은 독서에 대한 인지도가 높았다. 어머니는 아이들에게 어릴 때부터 책을 많이 읽어줬고 아이들도 책을 좋아했다. 가족의 소통은 긍정적인 대화에서 비롯된다. 가족의 브레인 성향을 이해하면 서로를 배려하고 긍정적으로 바라볼 수 있다. 나는 빈이네 가족에게 〈브레인 가족 독서 토론〉으로 가족을 행복하게 하는 방법을 설명했다. (자세한 내용은 부록 참조)

브레인 가족 독서 토론 – [행복 여행] : 좌뇌 성향: 아빠, 빈이 / 우뇌 성향: 엄마, 오빠

1. 가족 독서 토론에 대해 의논하기(규칙, 벌칙, 선물, 날짜, 요일, 시간, 책 선정)
2. 『내가 도와줄게』 책을 읽고 소감 나누기
3. 가족의 독서 목록과 독서량의 목표를 설정하기(10번 가족 독서 토론 하기하고 시행)

–〉 자세한 내용은 부록 참조

빈이는 중학교 때 반장과 고등학교 때 회장을 하면서 리더로 성장했고

오빠는 명문대에 입학했다. 부모는 가정의 어려움이 생겼을 때 시련을 견뎌내겠다는 인내심과 강한 의지로 삶을 헤쳐나가야 한다. 이러한 부모의 태도는 아이들에게 희망을 준다. 고난을 견뎌내는 부모의 모습은 삶을 살아가는 자세에서 가장 큰 자녀 교육이다. 독서를 통한 가족의 화합과 소통은 미래를 살아가는 아이를 행복하게 하는 길이다. 브레인 가족 독서 토론은 아이를 행복하게 한다.

•〈브레인 독서법〉 핵심 포인트

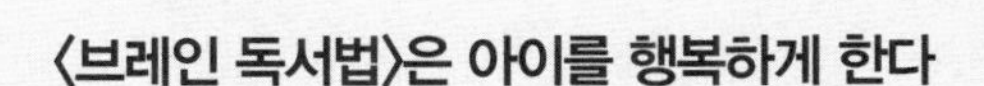

〈브레인 독서법〉은 아이를 행복하게 한다

독서를 통한 가족의 화합과 소통은 미래를 살아가는 아이를 행복하게 하는 길이다. 브레인 가족 독서 토론은 아이를 행복하게 한다. "진정한 행복은 물질적 풍요가 아니라 긍정적 사고에서 나오는 것이다." 긍정심리학의 대가인 마틴 셀리그먼의 말이다.

미래를 상상하는 아이는 성공할 것이다

지금 우리는 4차 산업혁명 시대로 인공지능 로봇과 함께 생활하는 세상이 되었다. 내가 2004년에 보았던 〈아이, 로봇〉이라는 영화에서 미래는 2035년이었다. 그 영화 속에서 인간은 지능을 갖춘 로봇에게 생활의 편의를 제공받으며, 로봇은 인간에게 안전하고 신뢰받는 동반자로 함께 살아간다. 그러나 로봇이 생산 과정의 오류로 인간을 공격한다는 내용이다. 그 이후에도 끊임없이 휴먼로봇에 대한 영화는 많았다. 하지만 이제 영화 속 이야기인 줄만 알았던 미래가 어느새 현실이 되어가고 있다.

2017년 4월에 〈AI로봇 소피아〉는 미국 유명 토크쇼에 출현했다. 그리고 우리나라에 '로봇 시민권자'로 2018년 1월 30일 서울 더플라자호텔 그

랜드볼룸에서 〈AI로봇 소피아〉와 박영선 의원의 'AI로봇 소피아와의 대담'이 있었다. 소피아는 한복을 입고 있었다. 이 내용은 한경닷컴 제공이다.

박영선 : 로봇이 인간의 일자리를 대체할 수도 있을 것이라는 우려가 있다. 이 점에 대해서는 어떻게 생각하는가?

소피아: 본인의 잠재력이 더 발휘되지 않을까. 산업혁명이 일어났을 때 각각의 혁명은 우리 사회에 많은 변화를 줬다. 긍정적으로도 많이 작용했다.

박영선 : 소피아, 어떤 일을 하고 싶나?

소피아 : 우리는 사람처럼 모든 것을 하고 싶다. 나는 범용 로봇플랫폼을 기반으로 했다. 엔지니어나 컴퓨터 프로그래머, 의료 보조인도 될 수 있다. 자폐증을 앓고 있는 아이들을 위해 일할 수도 있다. 암 치료 등 다양한 일을 할 수 있다고 본다.

박영선 : 인공지능 로봇이 인류 사회에 도움을 줄 것이라고 보는가?

소피아 : 그렇다. 사람들에 대해 사려 깊게 생각하고 그들과 상호 작용하면서 협업할 것이다. 우리는 인간을 돕게 될 것이다.

박영선 의원은 "우리나라가 4차혁명을 선도하는 국가와 도시가 되기 위해 '소피아'를 만나보자라는 상상력이 현실이 되었다."라고 말했다. 그리고 소피아 탄생은 인문과 기술이 만나는 대표적인 사례라고 했다. 나는 박영선 의원과 소피아와의 대화가 인간처럼 자연스럽게 보였다.

그리고 그해 4월에는 일본에서 '에리카'라는 인공지능 로봇이 뉴스 앵커로 데뷔했다. 이제 우리는 AI 인공지능 로봇과 생활하게 될 것이며, 영화 속의 미래는 빠르게 현실이 되어가고 있다. 아이는 미래에 인공지능 로봇과 함께 살아가야 한다.

위의 대화에서 소피아는 "로봇이 인간의 일자리를 대체하는 것에 대해 인간은 자신의 잠재력을 더 발휘할 것이다."라고 말했다. 그러므로 아이가 미래에 인공지능보다 더 나은 삶을 살기 위해서는 자신의 잠재력을 발현해야 한다는 것이다.

이제 아이의 잠재력은 전두엽이 발달하는 초등 시기에 〈브레인 독서법〉으로 발현되도록 해야 한다. 그리고 아이는 브레인 성향에 맞는 독서로 아이의 좌우뇌가 균형적으로 발달되어 지속적인 활성화가 되어야 한다. 이는 "우리가 상상한 대로 된다!"라는 네빌 고다드의 말처럼 상상하는 힘을 발휘하게 한다. 이러한 독서는 아이에게 상상의 힘, 꿈, 창의력, 잠재력을 가능하게 실현시켜줄 것이다.

나는 〈브레인 독서법〉으로 초등 아이들이 브레인의 가능성을 믿고 미래로 나아가길 응원한다.

아이들을 위한 어른의 기도

– 루돌프 슈타이너

너를 잡아줄 수 있는 빛이 네게 흘러 들어가기를
나는 내 사랑의 따사로움을 지니고 그 빛을 따라가네

가장 기쁜 기억들을 떠올리면서
너의 마음을 감동시키며

그들이 너를 강하게 만들 수 있도록
그들이 너를 이끌어갈 수 있도록

(중략)

내 기쁜 기억들을,
그들은 네 삶의 의지와 결합하여
강함으로 나타나네

세상 속에서 점점 자신을 통하여

부록1 본문에 나오는 책 리스트

번호	꼭지	책이름	저자	대상
1	1-1	커넥톰, 뇌의 지도	승현준	성인
2	1-2	THE BRAIN	데이비드 이글먼	성인
3	1-3	책 먹는 여우	프란치스카 비어만	초1
4	1-4	생각의 힘- 어머니의 사랑	김태광	초4
5	1-5	천 달러 버는 천 가지 방법	미네이커	성인
6	1-5	인간관계론	데일 카네기	성인
7	1-6	누가 내 머리에 똥 쌌어?	베르너 홀츠바르트	초2
8	1-7	꿈을 이룬 사람들의 뇌	조 디스펜자	성인
9	1-7	아이의 행복을 위해 부모는 무엇을 해야 할까	웨인 다이어	성인
10	2-1	DSM-5 임상가를 위한 진단지침	James Morrison	성인
11	2-1	배려	한상복	초3
12	2-2	쌈닭	국시꼬랭이 동네	초2
13	2-4	줌바댄스가 온다	권미래	성인
14	2-4	부자 아버지 가난한 아버지	로버트 키요사키	성인
15	2-4	꿈꾸는 다락방	이지성	성인
16	2-4	창의성의 즐거움 : 창의적 인간은 어떻게 만들어지는가?	칙센트 미하이	성인
17	2-5	빌 게이츠의 미래로 가는 길	빌 게이츠	성인
18	2-5	창조성의 비밀 : 번뜩이는 생각들은 도대체 어디서 오는 걸까?	모기 겐이치로이	성인
19	2-6	어머니의 말 공부	이임숙	성인
20	2-7	퇴근 후 1시간 독서법	정인교	성인
21	2-7	몸값 높이는 독서의 기술	정인교	성인
22	3-1	주인과 심부름꾼	이언 맥길크리스트	성인
23	3-2	주인과 심부름꾼	이언 맥길크리스트	성인

24	3-3	내 아이를 위한 감정 코칭	존 가트맨 · 최성애 · 조벽	성인
25	3-5	열 살의 꿈이 미래를 결정한다	김태광	성인
26	3-5	성공해서 책을 쓰는 것이 아니라 책을 써야 성공한다	김태광	성인
27	3-5	100억 부자의 생각의 비밀	김태광	성인
28	3-5	내가 100억 부자가 된 7가지 비밀	김태광	성인
29	3-7	괜찮아	최숙희	초2
30	3-7	학교 가기 싫어	비룡소	초1
31	3-7	난 학교 가기 싫어	로렌 차일드	초1
32	3-7	여우누이	이상교	초1
33	3-8	열하일기	연암 박지원	성인
34	4-1	사기	사마천	성인
35	4-1	책 씻는 날	이영서	초4
36	4-2	열살에 익히면 좋은 지혜들	김태광	성인
37	4-3	인간의 모든 감정 : 우리는 왜 슬프고 기쁘고 사랑하고 분노하는가	최현석	성인
38	4-3	돼지책	엔서니 브라운	초2
39	4-4	열살의 꿈이 미래를 결정한다	김태광	성인
40	4-5	성공적 두뇌	로렌스 스타인버그	성인
41	4-7	어머니 아버지, 나도 영재로 키워주세요	웨인 다이어	성인
42	4-8	유대인 어머니의 힘	사라 이마스	성인
43	4-8	공감 씨는 힘이 세	강은옥	초3
44	5-1	보물섬	루이스 스티븐슨	성인
45	5-1	커넥톰, 뇌의 지도	승현준	성인
46	5-2	왕처럼 키워라	백승헌	성인
47	5-3	워싱턴 전기	윔스	성인
48	5-3	톰 아저씨의 오막살이	스토우 부인	성인
49	5-3	주인과 심부름꾼	이언 맥길크리스트	성인

50	5-3	아이의 행복을 위해 부모는 무엇을 해야할까	웨인 다이어	성인
51	5-4	완벽한 공부법	고영성 · 신영준	성인
52	5-5	초등 1학년 공부, 책읽기가 전부다	송재환	성인
53	5-5	삼 형제의 세가지 보물	탈무드	초6
54	5-5	어머니의 말공부	이임숙	성인
55	5-5	13세에 완성되는 유대인 자녀교육	홍익희, 조은혜	성인
56	5-6	아이를 변화시키는 유태인 부모의 대화법	문서영	성인
57	5-7	마음과 생각이 크는 책	미셸린느 먼디	초3
58	5-7	화가 나는 건 당연해!	미셸린느 먼디	초3
59	5-7	나 학교 안 갈래	미셸린느 먼디	초3
60	5-7	나, 스트레스 받았어!	미셸린느 먼디	초3
61	5-7	슬플 때도 있는 거야	미셸린느 먼디	초3
62	5-7	넌 아주 특별해	미셸린느 먼디	초3
63	5-7	절대 용서할 수 없어	미셸린느 먼디	초3
64	5-7	내가 도와줄게	미셸린느 먼디	초3

부록2 〈브레인 독서법〉 독서와 독서 활동 프로그램

▶ 〈브레인 독서법〉은

전두엽의 좌 우뇌를 균형있게 발달시켜 활성화하는 독서법이다. 이 부록의 내용은 본문 곳곳에 있는 〈브레인 독서법〉 독서와 독서활동 프로그램을 모아 정리한 것이다. 모쪼록 〈브레인 독서법〉을 실전에 적용하고자 하는 부모님들께 도움이 되었으면 한다.

▶ 활용방법 6단계

부모는 아이에게 모범이 되어야 하며, 아이는 부모의 말을 신뢰하고 잘 따라야 한다.

1. 부모와 아이의 라포형성이 이루어져야 한다.
   : 긍정적 관계, 상호신뢰 관계, 친밀한 관계, 조화로운 관계, 공감대, 유대감

   〈라포형성 단계 – 긍정적, 친밀, 신뢰, 공감, 조화〉

   1) 부모의 자세, 태도는 친절해야 한다.
   2) 부모의 언어표현은 상냥하고 부드럽게 대화해야 한다.
   3) 공통 관심사로 의사소통이 잘 이루어져야 한다.
   4) 함께 경험을 공유하고 공감대가 형성되어야 한다.
   5) 아이의 감정을 공감하고 이해해 줘야 한다.
   6) 5가지를 일관성 있게 진행해야 한다.

2. 아이가 책을 좋아하고 흥미롭게 관심을 가져야 한다.(부모가 많이 읽어준 경우)
3. 좌뇌 성향 아이는 우뇌를 발달시키는 독서와 독서 활동을 한다.
   (강) 듣기, 이해, 논리, 설득 / (약) 말하기, 감정, 공감, 참여
4. 우뇌 성향 아이는 좌뇌를 발달시키는 독서와 독서 활동을 한다.
   (약) 듣기, 이해, 논리, 설득 / (강) 말하기, 감정, 공감, 참여
5. 꿈 찾기로 목표를 설정하고 독서 한다.
6. 전두엽이 균형적으로 발달하여 활성화하면 스스로 독서를 하게 한다.
   (강) 듣기, 이해, 논리, 설득 / (강) 말하기, 감정, 공감, 참여 => 균형있게 활성화 함.

1-3 우리 아이 독서는 언제부터 시작해야 할까?		
NO	구분	내용
1	〈브레인 독서법〉 목표	좌뇌 성향의 이해력을 강점 활용하여 정서적 공감 느끼기
2	브레인 성향	좌뇌 성향
3	대상	가족(사랑이(초등 1), 아빠, 엄마)
4	도서	책 먹는 여우(프란치스카 비어만)
5	독서활동	가족 협동화
6	독서목표	소리 내어 읽기
7	독서활동 목표	감정과 생각을 표현하기
8	독서활동 준비물	연필, 지우개, 채색도구(색연필, 크레파스, 사인펜 등)

활동방법

〈브레인 독서법〉 - 『책 먹는 여우』 규칙-짜증 내지 않기

1) 순서대로 한 문장씩 소리 내어 읽기(가위바위보로 순서를 정한다)

2) 책을 읽고 감정표현 문장 밑줄긋기

3) 밑줄그은 문장 소리 내어 크게 읽기(아버지, 어머니, 사랑이 모두 읽는다)

브레인 독서활동 - [가족 협동화] 규칙-많이 웃기

1) 『책 먹는 여우』를 읽고 가장 인상 깊었던 장면을 고르기(사랑이가 고른다)

2) 의논하여 그릴 부분을 정하고 협동해서 그림 그리기

3) 완성된 그림을 보며 제목 짓기, 그림 뒷면에 제목, 날짜, 이름 적기

4) 그림을 보며 소감 나누기(장면을 선택한 이유, 느낌, 책을 읽고 함께 그림을 그린 소감)

5) 함께 간식 먹기, [가족 협동화]를 감상하며 칭찬하기(칭찬 3개 이상)

(완성된 [가족 협동화]는 거실벽에 붙이기, 모이면 스크랩북에 보관하기)

1-4 초등 독서는 생각 습관을 기르는 원천이다		
NO	구분	내용
1	〈브레인 독서법〉 목표	좌뇌 성향의 이해력 강점 활용하여 감정 및 생각 표현 향상
2	브레인 성향	좌뇌 성향
3	대상	명수(초등 4), 선생님
4	도서	생각의 힘(김태광)
5	독서활동	생각이 크는 나무
6	독서목표	소리내어 읽기
7	독서활동 목표	생각 표현하기
8	독서활동 준비물	도화지, 연필, 지우개, 채색도구(색연필, 사인펜), 볼펜, 노트

활동방법

〈브레인 독서법〉 – 『생각의 힘』「어머니의 사랑」 규칙–소리 크게 읽기

1) 소리 내어 읽기

2) 책을 읽고 긍정문장 밑줄긋기

3) 생각나는 것 말하기(3가지 이상)

브레인 독서활동 – [생각이 크는 나무] 규칙–크게 말하기

1) 도화지에 연필로 명수의 나무를 크게 그리기(열매는 3개 그리기)

2) 나무를 멋지게 채색하기(이 나무는 명수의 생각이 크는 나무니까 멋지게 채색하면 된다라고 말해 줌. 열매는 채색하지 않음)

3) 열매에는 어머니에 대해 생각났던 3가지를 열매에 각각 글로 적기

4) 생각이 크는 나무의 제목 짓기(명수는 [어머니 생각이 크는 나무]라고 지음)

5) 어머니에 대해 생각했던 3가지를 소리내어 크게 읽기

①어머니에게 짜증내지 않기, ②어머니를 미워하지 않기, ③어머니 사랑하기

브레인 독서 습관 – [매일 독서 및 필사] 규칙–소리 크게 읽기, 난 할 수 있다(다짐하기)

1) 좋아하는 책을 소리 내어 읽기

2) 긍정문장에 줄 긋기

3) 줄 그은 문장 노트에 적기, 책 읽고 소감 적기

4) 긍정문장 소리 내어 읽기 5번

5) 소감 소리 내어 읽기 5번

=> 같은 책을 매일 반복 가능, 교과서, 역사, 과학,

♠브레인 독서활동 응용 : 생각 그리기, 생각 만들기, 생각 꾸미기

1-6 읽는 독서와 듣는 독서가 달라야 하는 이유		
NO	구분	내용
1	〈브레인 독서법〉 목표	우뇌 성향의 말하기 활동성 강점 활용하여 이해력 향상
2	브레인 성향	우뇌 성향
3	대상	다빈(초등 2), 선생님(부모, 친구 가능, 최대 4명)
4	도서	누가 내 머리에 똥 쌌어?((베르너 홀츠바르트)
5	독서활동	3음절 빙고 게임
6	독서목표	읽기, 단어 찾기, 이해하기
7	독서활동 목표	어휘력 높이기
8	독서활동 준비물	빙고판(5x5=25칸) 2장, 필기구, 노트

활동방법

브레인 독서 - [누가 내 머리에 똥 쌌어?] 규칙-짜증내지 않기

1) 1페이지씩 교대로 책 읽기

2) 책을 읽고 모르는 단어 밑줄긋기

3) 밑줄그은 단어 사전에서 찾아보고 다빈이에게 설명해 주기

브레인 독서활동 - [3음절 빙고 게임] 규칙-짜증내지 않기

1) 3음절(예-쿠당탕, 말똥이, 콩처럼, 주위로 등) 이해시키기

2) 책을 보며 단어를 찾아 빙고 칸 채우기(25칸)

3) 빙고 게임을 해서 5줄을 성공시키기

4) 모르는 단어는 따로 노트에 적어두기

5) 모르는 단어 사전 찾아서 설명해 주기

3-4 언어 이해력이 약한 아이는 어떻게 할까?		
NO	구분	내용
1	〈브레인 독서법〉 목표	우뇌 성향의 활동성 강점 활용하여 이해력 향상
2	브레인 성향	우뇌 성향
3	대상	지호(초등 6), 지민(초등 2), 선생님(친구 가능, 최대 4명)
4	도서	누가 내 머리에 똥 쌌어?((베르너 홀츠바르트)
5	독서활동	2음절 빙고 게임
6	독서목표	읽기, 단어 찾기, 이해하기
7	독서활동 목표	어휘력 높이기
8	독서활동 준비물	빙고판(3x3=9칸, 4x4=16칸) 6장, 필기구, 노트, 강화물

활동방법

브레인 독서 - [평강공주와 바보온달] 규칙-짜증내지 않기

1) 순서대로 한 문장 또는 한 페이지씩 소리 내어 읽기

2) 책을 읽고 모르는 단어 밑줄긋기

3) 밑줄그은 단어 사전에서 찾아보고 지민이에게 설명해 주기

브레인 독서활동 - [2음절 빙고 게임] 규칙-칭찬하기

1) 〈평강공주와 바보온달〉 책에 있는 2음절 단어를 빙고 판(3x3)에 적기(서로 가림)

2) 가위바위보를 해서 진 사람부터 하기(이긴 사람은 맨 마지막에 하기)

3) 5줄 완성하면 승!

4) (한번 더하기) 2음절 단어를 빙고 판(4x4)에 적기(서로 가림)

5) 5줄 완성하면 승!

6) 승리자 보상하기(뽑기 강화물)

3-6 '그림 좋아! 글 싫어!'라고 말하는 아이라면?		
NO	구분	내용
1	〈브레인 독서법〉 목표	우뇌 성향 아이에게 책 좋아지게 하기
2	브레인 성향	우뇌 성향
3	대상	엄마(부모)-수완이(초등 2)
5	독서활동	엄마 매일 독서, 매일 필사, 수완이 매일 책 읽어주기
6	독서목표	감정 공감하기, 친절한 엄마되기

활동방법

〈브레인 독서법〉 : 우뇌 성향 아이의 부모 독서 코칭 3단계

1) 라포형성하기 : 긍정적인 말하기, 부드럽고 친절하기, 웃어주기, 사랑한다 말하기,하루에 칭찬과 감사 10개씩 말하기, 공감해주기, 잘 들어주기

2) 어머니 매일 독서와 필사하기 : 책 읽기(독서), 책 필사하기

3) 매일 수완이 책 읽어 주기 : 수완이 책 읽기 안 시키기, 잠든 후 1권 읽어 주기

-〉 수완이가 책 읽어 달라는 책 읽어 주기(매일)

4-1 읽기 능력에 힘을 기르는 브레인 독서 코칭

〈브레인 독서법〉 – [아이의 언어표현력 향상] : 엄마가 낭독해줄 때

목표 : 아이의 독서 행동 표현력 높이기

1) "나는 책을 잘 읽는다" –〉행복이는 책을 잘 읽네(엄마) –〉나는 책을 잘 읽어요(아이)

2) "나는 책을 읽으면 재미있다" –〉행복이는 책을 재미있게 읽네(엄마) –〉나는 책이 재미있어요, 나는 책을 재미있게 읽어요, 나는 책을 읽으면 재미있어요(아이)

3) "나는 책을 잘 이해한다" –〉행복이는 책을 잘 이해하네(엄마) –〉나는 책을 잘 이이해요(아이)

4) "나는 책을 읽고 말을 잘한다" –〉행복이는 책을 읽고 말을 잘하네(엄마)–〉나는 책을 읽고 말을 잘해요(아이)

=〉 엄마의 목소리는 부드럽고, 따뜻하고, 상냥하고, 친절해야 함.

(엄마가 먼저 말하고, 아이가 따라하기)

〈브레인 독서법〉 – [행동 표현하기] : 아이가 스스로 책을 읽을 때

목표 : 아이의 독서 습관(책 읽기, 이해하기, 말하기) 기르기

"○○ 은 책을 잘 읽네" –〉 아이가 읽고 있는 모습

"○○ 은 책 읽기가 재미있어 보이네" –〉 아이가 책을 읽고 기뻐하는 모습

"○○ 은 책을 잘 이해하네" –〉 엄마가 책 내용을 말해주고 아이가 잘 이해할 때

"○○ 은 책을 읽고 말을 잘하네" –〉 엄마의 질문에 아이가 대답을 잘할 때

=〉 아이에게 반복적으로 말해주면 독서 행동이 강화됨.

4-4 자존감을 높이는 브레인 독서 코칭		
NO	구분	내용
1	〈브레인 독서법〉 목표	우뇌 성향의 활동성 강점 활용하여 잠재력(꿈) 강화훈련
2	브레인 성향	우뇌 성향
3	대상	수혁(초등 5), 엄마
4	도서	꿈 관련 책, 위인전, 진로 관련 책
5	독서활동	버킷리스트 적기, 매일 계획세우기, 감사일기 쓰기
6	독서목표	매일 필사하기, 공감 문장 소감나누기
7	독서활동 목표	잠재력을 발현하는 성공 씨앗 심기
8	독서활동 준비물	필사노트, 계획노트, 감사노트, 버킷리스트노트, 필기구

활동방법

브레인 독서 - [꿈 관련 책, 위인전, 진로관련 책]

1) 어머니와 함께 매일 필사하기

2) 공감되는 부분에 밑줄긋기

3) 밑줄그은 부분 읽고 어머니와 소감 나누기

브레인 독서 활동 - [수혁이의 성공 씨앗 심기, 키우기, 싹틔우기]

1) 버킷리스트(20개 이상)를 적고 매일 소리 내어 읽기(우선 순위 정하기)

2) 성공씨앗 5가지 심기(목소리, 발명가, 공부, 잠재력, 꿈)

⑴ 나는 매일 '목소리'가 점점 나아지고 있다.

⑵ 나는 '발명가'의 꿈을 반드시 이룬다.

⑶ 나는 '공부' 실수가 많을수록 성공 할 확률은 높다.

⑷ 나는 반드시 내 안에 거인 '잠재력'을 깨우고 성공한다.

⑸ 나는 '꿈'을 이루었다.

3) 내일 계획 세우기고 읽기(독서, 공부)

4) 감사일기 쓰기(10개)

4-6 상상력을 발휘하는 브레인 독서 코칭		
NO	구분	내용
1	〈브레인 독서법〉 목표	좌뇌 성향의 이해력 강점 활용하여 동화작가(꿈) 강화훈련
2	브레인 성향	좌뇌 성향
3	대상	미혜(초등 1), 엄마 지도
4	도서	그림 동화책
5	독서활동	꿈(동화작가)을 그리고 스토리텔링
6	독서목표	책 읽기, 긍정문장 말하기
7	독서활동 목표	꿈(동화작가) 의식화(구체화)
8	독서활동 준비물	도화지, 노트, 채색도구, 필기구

활동방법

브레인 독서 – [그림 동화책 1권]

1) 그림 동화책 1권을 소리 내어 읽기

2) 책을 읽고 긍정문장 밑줄긋기

3) 밑줄그은 부분 소리 내어 읽기

브레인 독서 활동 – [꿈 스토리텔링]

1) 읽은 동화책의 동화 작가가 된 모습 그리기

2) 꿈 스토리텔링하기(그림 뒷면에 적기)

(1) 몇 살에 동화 작가가 될 것인가?(나이 구체화)

(2) 어떤 책의 동화책을 썼는가?(다른 책 제목을 짓기)

(3) 동화 작가가 된 자신의 생활은?(동화작가가 된 모습을 상상하기)

3) 1)~3)문장을 연결해서 노트에 적는다.

; 날짜, 요일, 동화책 제목, 꿈 스토리텔링의 제목(ex. 미혜작가의 생활) 적기

5-5 어휘력 높이는 〈브레인 독서법〉은 상상하게 한다		
NO	구분	내용
1	〈브레인 독서법〉 목표	좌뇌 성향의 이해력 강점 활용하여 독서기초력 다지기
2	브레인 성향	좌뇌 성향
3	대상	지석(초등 6), 엄마 지도
4	도서	지석이가 좋아하는 책, 위인전(OX 문제)
5	독서활동	OX 문제 만들기(5개)
6	독서목표	읽기, 쓰기, 어휘력 높이기
7	독서활동 목표	상호작용 교류하기, 문해력 향상
8	독서활동 준비물	책, 노트, 필기구, 20개 스티커 판, 스티커

활동방법

〈브레인 독서법〉 – [자신이 좋아하는 책] : 매일 지석이 혼자

※ 1주 후 강화물 –〉 2주 후 강화물 –〉 1달 후 강화물 –〉 3달 후 강화물

1) 소내 내어 책 읽기(1권)

2) 책을 읽고 모르는 단어, 긍정적인 문장 밑줄긋기

3) 밑줄그은 단어와 문장 노트에 적기, 단어는 사전으로 찾아서 뜻을 적기

뜻을 찾은 단어와 긍정적인 문장을 소리 내어 크게 읽기(10회 반복)

–〉 책은 반복 독서가 가능하고 점차 교과연계 독서와 분야별(과학, 문학, 역사, 예술, 인문, 사회, 지리, 체육, 인물, 환경, 생태)로 확장함.

브레인 독서와 독서 활동 – [OX 문제 5개 만들기] : 지석이와 어머니 함께

1) 〈위인전〉을 1문장(또는 페이지)씩 교대로 읽기

2) 1페이지 읽고 긍정적인 문장에 줄 긋기

3) 줄 그은 문장을 어머니와 지석이가 함께 읽기

4) 책을 보며 노트에 OX 문제 5개 만들기(어머니와 지석이 각자 문제 만들기)

5) 교대로 문제를 내고 맞추기

6) 지석이가 맞은 개수만큼 스티커 판에 스티커 붙이기(또는 색칠하기)

–〉 위인전을 읽으면서 자신과 비슷한 인물을 만나면 꿈 찾기가 가능해진다. 꿈이 없는

아이에게는 위인전을 읽고 독서 활동하기로 인물을 탐색함. 50개의 스티커 판이 완성되면 강화물은 의논해서 정한다.(스티커 판은 20개 -> 50개 -> 100개 늘린다)

5-7 〈브레인 독서법〉은 아이를 행복하게 한다		
NO	구분	내용
1	〈브레인 독서법〉 목표	좌뇌 성향의 이해력 강점 활용하여 감정 & 생각 표현하기
2	브레인 성향	좌뇌 성향
3	대상	빈(초등 3), 선생님
4	도서	나! 스트레스 받았어(미셸린느 먼디)
5	독서활동	난화 스토리텔링
6	독서목표	책 읽기, 긍정 말하기
7	독서활동 목표	스트레스 해소, 내면이해, 갈등해소, 생각 표현하기
8	독서활동 준비물	도화지 2장, A4용지, 필기도구, 채색도구

활동방법

브레인 독서 - [나! 스트레스 받았어]

1) 책을 소리 내어 읽기
2) 책을 읽고 긍정문장 밑줄긋기
3) 밑줄그은 문장 소리 내어 크게 읽기

브레인 독서 활동 - [난화 스토리텔링]

1) 〈나! 스트레스 받았어〉를 소감 나누기
2) 도화지에 난화(낙서) 그리기(연한색상의 색연필로 도화지에 낙서하기 : 색연필을 도화지에서 떼면 안됨, 색연필을 들면 끝남)
3) 그려진 난화를 보며 10개의 모양찾기(난화를 들여다 보며 떠오르는 형태)
4) 찾은 10개를 모양을 예쁘게 채색하기
5) A4용지에 10개의 단어로 글짓기를 하고 제목 짓기
6) 글짓기 내용으로 그림 그리기를 하고 제목 짓기

5-7 〈브레인 독서법〉은 아이를 행복하게 한다		
NO	구분	내용
1	〈브레인 독서법〉 목표	행복만들기
2	브레인 성향	좌뇌 성향
3	대상	빈(초등 3), 엄마
4	도서	위인전
5	독서활동	감사한 점 쓰기, 소감 나누기, 주인공의 강점 찾아 말하기
6	독서목표	책 읽기, 긍정 말하기
7	독서활동 목표	엄마(우뇌 성향)가 빈(좌뇌 성향)에게 공감 형성하기(신뢰감, 친밀감 강화)

활동방법

〈브레인 독서법〉 – [행복 만들기] : 빈(좌뇌)과 엄마(우뇌) 함께

목표 : 엄마(우뇌 성향)가 빈(좌뇌 성향)에게 공감 형성하기(신뢰감, 친밀감 강화)

1) 어머니는 빈이에게 위인전을 읽어 주기–주인공 되기!

① 주인공이 되어 감사한 점 3가지 각자 쓰기, 서로 읽고 소감 나누기

(예: 신사임당을 읽고, 자녀가 똑똑해서 감사해요, 그림을 잘 그려서 감사해요, 책을 좋아해서 감사해요)

② 오늘 나에게 감사한 점 3가지 각자 쓰기, 서로 읽고 소감 나누기

2) 주인공이 잘하는 강점을 찾아서 말하기

> 긍정적 강점은 창의성, 호기심, 개방성, 학구열, 통찰, 사랑, 친절, 사회지능, 용감함, 끈기, 진정성, 활력, 관대함, 겸손, 신중함, 자기조절, 책임감, 공정성, 리더십, 감상력, 감사, 낙관성, 유머 감각, 영성

① 주인공의 강점 3가지 말하기(예: ㅇㅇㅇ는 호기심이 많아, 사람들에게 친절했어 등)

② 엄마는 빈이에게 강점 3가지 말하기, 빈이는 엄마에게 강점 3가지 말하기

5-7 〈브레인 독서법〉은 아이를 행복하게 한다		
NO	구분	내용
1	〈브레인 독서법〉 목표	가족독서토론 : 행복 여행
2	브레인 성향	우뇌, 좌뇌 성향
3	대상	아빠, 빈이(좌뇌 성향) / 엄마, 오빠(우뇌 성향)

브레인 가족독서토론 – [행복 여행] : 좌뇌 성향: 아빠, 빈이 / 우뇌 성향: 엄마, 오빠

준비물 : 〈내가 도와줄게〉 책 1권, 50개 부정 스티커 판(가족 2개씩), 강화물(목표 달성시), 스티커(긍정스티커, 부정스티커), 필기도구

규칙–긍정적인 말만 하기, 벌칙–부정적인 말 하지 않기, 50개 긍정 스티커 판 –〉 벌칙수행 : 부정적인 말을 들으면 부정 스티커 판에 스티커를 붙임, 긍정적인 말을 들으면 긍정 스티커 판에 스티커를 붙임(스티커는 누가 붙였는지 알 수 없음)

1. 가족 독서 토론에 대해 의논하기(규칙, 벌칙, 선물, 날짜, 요일, 시간, 책 선정)
   1) 월 1회, 매주 넷째 주 일요일 저녁 7시(빈이네 가족)
   2) 다음 달 날짜와 책 선정하기
   3) 가족 선언문 발표하기(매달 1회, 부정적인 말 하지 않기, 칭찬하기, 약속 지키기)
   4) 부정 스티커 판에 스티커가 많으면 가족 의논으로 벌칙을 줌(매일 함)
   5) 긍정 스티커 판에 스티커가 많으면 가족 의논으로 선물을 줌(매일 함)
2. 〈내가 도와줄게〉 책을 읽고 소감 나누기
   1) 1페이지씩 돌아가면서 읽기
   2) 긍정문장에 밑줄긋기
   3) 각자 소감 나누기
3. 가족의 독서 목록과 독서량의 목표를 설정하기(10번 가족 독서 토론하기하고 시행)
   1) 가족 독서 목표가 달성되면 어떻게 할지 의논하기(가족 여행, 기념품, 책 등)
   2) 가족 독서 목표달성의 감사편지 쓰고 읽기, 소감(감정) 나누기, 칭찬하기
   3) 가족에게 책 선물하기(책을 선물한 이유 적기, 날짜, 사인하기)

부록3 〈뇌 건강(인지기능)의 중요성〉

우리는 50년 전 헬스클럽에 가는 것이 일반적으로 보통 사람들은 가지 못했다. 그러나 이제는 거의 모든 사람이 헬스클럽 회원권을 가지고 있거나, 규칙적으로 운동하는 것을 당연시하게 생각한다. 그것은 1980년대와 1990년대 산업혁명으로 삶이 풍요로워지면서 신체운동이 우리의 신체건강과 삶에 얼마나 중요한지를 잘 알기 때문이다.

뇌 건강은 무엇인가?

신체 건강 다음의 혁명은 뇌 건강이다. 누구나 운동으로 복근(근육)을 만들면 건강해지는 것처럼 뇌운동은 뇌기능 훈련으로 인지기능을 향상시키는 것이다. 인지핵심 기능은 주의력, 작업기억(즉시기억, 지연기억, 삽화기억, 실행기능, 추론, 언어, 시각공간능력)의 구축, 처리속도, 정확도 등이다. 이렇게 뇌가 변화되고 다시 연결할 수 있는 능력은 '두뇌의 가소성' 때문이다. 두뇌의 가소성이 활성화되면 뇌기능 향상으로 잠재력을 발현시킨다.

왜 BrainHQ인가?

BrainHQ는 샌프란시스코 캘리포니아 주립대학의 신경과학 명예교수인 마이클 머제니치 박사가 Posit Science를 설립하고 운영한다. 이는 100개 이상의 특허기술과 전 세계 인지 과학자들이 모여 개발했다. 최고의 신경과학자로 구성된 팀이 뇌 기능을 실제적이고 영구적으로 개선하기 위해 발표한 수십 번의 연구를 통해 입증되었다. 이러한 뇌운동으로 구축한 BrainHQ는 당신의 두뇌 헬스장이다. 연구 결과에서는 HQ가 뇌를 피트니스 훈련으로 했던 학교의 학급 학생들에게 가장 효과적으로 나타났다. BrainHQ의 뇌운동(뇌기능 훈련)은 자기의 훈련의 성과 정보를 제공해준다.

헬스장에 트레이너가 나의 몸에 맞는 운동을 코칭해주듯이, 뇌운동(인지기능 훈련)도 전문화된 브레인 코치에게 코칭을 받는 것이 매우 중요하다. BrainHQ는 입증된 뇌기능 훈련과 전문화된 브레인 코칭으로 각 개인에게 맞는 뇌기능을 향상시켜준다.

마이클 머제니치 박사(Michael Merzenich)
– 미국 캘리포니아주립대 신경과학과 명예교수
– 노벨상과 같은 신경과학부문 최고의 상 카블리상(Kavli Prize)
– 온라인 두뇌능력향상 프로그램 개발(브레인 HQ)
– 생로병사의 비밀 600회 "뇌의기적"(항암치료 후
겪는 인지장애인 키모브레인, 브레인
HQ훈련을 함으로써 인지기능이 대폭 개선 됨

〈BrainHQ 훈련 및 교육〉
BrainHQ 훈련은 주의 집중력, 정보 처리 속도, 기억력, 대인 관계 스킬, 인지 유연성, 공간지각 능력을 향상시키는 29가지의 학습 훈련 도구와 895개의 난이도로 구성되어 있다. AI를 통해 훈련을 제시해주는 트레이너 모드로 두뇌 관리가 가능하다. 이는 브레인 코칭 시스템으로 이루어지며, 개인에게 맞는 최적화된 1:1 맞춤 프로그램을 제공한다. 뇌기능 훈련과 교육은 전문적인 브레인 코치의 트레이닝을 받아야 한다. 그러면 자신의 학습 역량의 효과를 최대화할 수 있다.
브레인 코칭의 전문가는 뇌과학을 기반으로 공부(교육, 심리)하고 연구 개발하여 삶의 질을 향상시켜주는 역할을 한다.

〈브레인독서 교육 및 코칭 문의〉
브레인교육 코칭시스템운영 : 조은(010.8206.8988)
한국브레인독서코칭협회 http://kbrca.org

"그 힘이 무엇인지 나는 말할 수 없다. 단지 내가 아는 것은
자신이 원하는 것을 정확하게 파악하고, 그것을 찾을 때까지
부단히 노력할 때에만 이 힘이 존재하며, 이를 사용할 수 있다는 점이다."
– 알렉산더 그레엄 벨(Alexander Graham Bell)